最重要的事，
只有一件

［美］加里·凯勒（Gary Keller） ｜ 著
杰伊·帕帕森（Jay Papasan）

张宝文　译

中信出版集团｜北京

图书在版编目（CIP）数据

最重要的事，只有一件 /（美）加里·凯勒，（美）杰伊·帕帕森著；张宝文译. -- 2 版. -- 北京：中信出版社，2024.7
书名原文：The One Thing
ISBN 978-7-5217-6506-9

Ⅰ. ①最… Ⅱ. ①加… ②杰… ③张… Ⅲ. ①成功心理－通俗读物 Ⅳ. ① B848.4-49

中国国家版本馆 CIP 数据核字（2024）第 096662 号

The ONE Thing: The Surprisingly Simple Truth Behind Extraordinary Results
by Gary Keller with Jay Papasan
Copyright © 2012 by Rellek Publishing Partners, Ltd.
Simplified Chinese translation copyright © 2024 by CITIC Press Corporation
Published by arrangement with author c/o Levine Greenberg Rostan Literary Agency
through Bardon-Chincse Mcdia Agency
ALL RIGHTS RESERVED
本书仅限中国大陆地区发行销售

最重要的事，只有一件
著者：　［美］加里·凯勒　［美］杰伊·帕帕森
译者：　张宝文
出版发行：中信出版集团股份有限公司
（北京市朝阳区东三环北路 27 号嘉铭中心　邮编　100020）
承印者：　嘉业印刷（天津）有限公司

开本：880 mm×1230 mm 1/32　　印张：7　　字数：150 千字
版次：2024 年 7 月第 2 版　　　　　　印次：2024 年 7 月第 1 次印刷
京权图字：01-2013-6742　　　　　　　书号：ISBN 978-7-5217-6506-9
定价：49.00 元

版权所有·侵权必究
如有印刷、装订问题，本公司负责调换。
服务热线：400-600-8099
投稿邮箱：author@citicpub.com

目录

1　只做一件事　004
2　多米诺效应　010
3　成功有迹可循　015

PART 1

第一部分
谎言
误导并阻碍成功　**025**

4　每件事都很重要　029
5　你可以同时处理多件事　039
6　过上有规律的生活　049
7　意志力触手可及　056
8　平衡工作与生活　067
9　大即不佳　079

PART 2

第二部分
真理
提高效率的极简之道 **091**

 10 关键问题 096
 11 成功的习惯 106
 12 如何找到正确答案 113

PART 3

第三部分
成就卓越
释放你内在的潜力 **125**

 13 找到生活目标 129
 14 确定优先事务 141
 15 高效的生活 149
 16 三个承诺 166
 17 四个小偷 180
 18 生命的旅程 196

后记 在工作中,只做一件事 205
研究过程 211
致谢 213

若同时追**两只**兔子……

……你**一只**也抓不到。

——俄罗斯谚语

1 只做一件事

> 只做一件事,就像用邮票粘住信封,不达目的不放松。
>
> ——乔希·比林斯

1991年6月7日。那天,我所在的世界快进了112分钟。

这当然不是真的,这只是我从一部时长112分钟的电影中得到的感受。那天,我去看热门喜剧电影《城市乡巴佬》,电影院的观众被剧情逗得哈哈大笑。可是,对我来说,这不仅是一部史上最搞笑的电影,更是一部能在生活智慧和人生洞察上给人以启迪的电影。其中有一幕场景令人印象深刻:坚韧不拔的牛仔领队老柯与城市乡巴佬米契一起离开队伍去寻找走失的牛群。尽管他俩平时冲突不断，但在这次共同寻找走失牛群的过程中，他们对生命这个话题展开了一段平静的对话。电影中，老柯停下马儿面向米契。

老柯说："你知道人生的秘密是什么吗？就是这个。"（说着，他伸出一个手指。）

米契不解地问："人生的秘密就是手指？"

老柯说："人生的秘密就是只做一件事，就一件。只做一件事，其他的事都不值一提。"

米契又问："那么，这件事到底是什么呢？"

老柯："你必须自己找到它。"

老柯告诉我们的人生的秘密，其实也是成功的秘诀。也许这部电影的编剧已经发现了成功的秘诀，也许他们只是随便写写却歪打正着。无论怎样，的确如老柯所说，只做一件事就是成功的捷径。

我花了很长时间才领悟到这个道理。我曾经很成功，直到我的公司陷入危机，我才开始思考行为和结果之间的关系。我用了不到十年的时间创办了一家优秀的公司，并且信心十足地认为我们可以将业务拓展到全世界。可是，公司突然全盘陷入困境。尽管我做了所有的牺牲和努力，公司还是一团糟，这种毁灭性的打击让我觉得天都要塌下来了。

探索成功秘诀所付出的代价

当时的我好像置身陷阱,拼命地向四周寻求帮助,希望有人可以拉我出来。这时,我的导师向我伸出了援手。在一起散步的途中,他分析了我在个人状态和专业领域方面的困境以及我所面临的各种挑战,还重温了我所期望的生活目标和生活模式。在充分了解了相关细节之后,导师开始透彻地思考以寻找解决方案。等到我们散步回来的时候,他已经想出具体的解决方案了,并将其画在了墙上——这个方案非常周全,把整个公司所面临的困境都包含进去了。

于是,我们开始讨论这个方案的可行性。导师问我:"如果要扭转现状的话,你需要做些什么?"我不知道。

他认为,我只需要做一件事就可以扭转整个公司的尴尬处境,那就是将他标记出来的14个关键职位指派给真正能胜任的人,只有选对了这14个关键人,整个公司才可能向好的方面发展。我听后震惊了,我不相信解决方案居然这么简单,我问他这个解决方案是否应该稍微复杂一点儿,多做几件事来扭亏为盈。

他简短有力地答道:"不需要。耶稣需要12个门徒,而你只需要14个关键人。"

这真是我人生中转折性的一刻。我从来没有想过一条简单明了的解决方案居然有这么大的威力,能扭转整个公司的困境。

同样让我吃惊的是，我一直以为自己已经足够专注了，却没想到我根本不够专注，因为真正的专注是指只专注于一件事。毫无疑问，找出14个关键人是我当下最重要的事，其他的事都可以先放到一边。于是，和导师讨论后，我就做了一个重大的决定——解雇了我自己。

我卸任了公司CEO的职位，开始专注于寻找14个关键人这一件事。

这一次，我所在的世界确实快进了。不到三年，公司便实现了持续赢利，而且利润连续10年以40%的速度增长。我们从一个地区性公司迅速成长为一个全国性的公司。巨大的成功让我无暇回顾这十年间所走的路是否正确。

是的，这十年间一个又一个成功接踵而来，但是好像又有些情况隐隐出错了。我从未思考过，当我找到那14个关键人之后，需要坚守和专注的新目标又在哪里呢？

找到这14个关键人之后，我便按照以前的习惯和他们一对一地讨论工作。每次我都会简要地总结一下他们在当前阶段承诺完成的几项工作。让我头疼的是，这14个关键人虽然能完成他们所承诺的大部分工作，但有时最重要的工作却没有完成。这导致他们的工作陷入困境。于是，我试着和他们沟通，以简化并专注于那些重要的工作，从"本周需要做的几项工作"变成"本周最重要的三项工作"，再到"本周最重要的两项工作"。但这些举措都不见起色，我绝望透顶，打算最后试试"只做一件事"这个方法。于是，我这样问他们："本周最重要的一项工作是什么？只要完成这一项工作，其他工作都会变得简单或者不重要了。"虽然这个方法是出于绝望才想到的，但它又一次给我们带来了惊喜。

之后，这 14 个关键人的业绩直线上升。

通过这几次的困境经验，我开始总结成败与行为之间的关系，结果发现了一个非常有趣的现象：<u>每次获得巨大成功的时候，都是我专注于一件事的时候；而且，我专注的点也应随着目标的变化而变化。</u>

发现这个成功的秘诀后，我对未来的生活充满了信心。

聚焦你的目标

你想过没有，每个人每天的时间都是 24 小时，为什么有些人成功了，有些人却失败了？那些成功的人为什么能够完成更多的事情，达成更高的目标，赚更多的钱，拥有的也更多呢？如果把时间看作成功的原始资本，那么每个人的原始资本都是每天 24 小时。但是，成功的人是如何分配他们的原始资本，并且得到远远高过别人的收益呢？答案就是：成功人士的所有行为和精力都紧紧围绕着他们的目标，成功就在于聚焦目标。

如果你期望凡事都迈向成功，那么你就必须聚焦目标。

"聚焦目标"意味着你要摆脱所有可以做但不是必须做的事，

专注于你应该做的事。要明白，事事都有轻重缓急，你必须从中找出最重要的那件事，这样你的目标和行动之间就有了更紧密的联系。换句话说，成功取决于你的目标是否明确，你是否专注。

无论工作还是生活，想要取得最好的结果，就要尽量缩小目标。但大部分人却不以为然，他们认为成大事必须耗时，必经波折，结果他们将计划安排得非常满，日程紧张，成功却越来越远。其实一个人做成的事情不在多，只要把事情做好了，就是成功。可惜人们往往好高骛远，迷失了方向。日子一久，他们便降低了对自己的期望值，抛弃梦想，任人生枯萎。然而，应该缩小的是目标，并非人生。

每个人的时间和精力都是有限的，如果想面面俱到，那么你将精疲力竭，哪头也顾不好。你本想多面开花，没想到成功不但不可累加，反而降低了效率。你应该少做多得而非多做少得。问题是，即使每件事都做成了，一味地给生活和工作加压也是有坏处的，压力过大将导致你无法按时完成任务，睡不着、吃不好，不运动，没时间陪家人和朋友。其实不必过度付出，追逐成功远比你想的要容易。

聚焦目标是成就卓越的不二捷径，它在任何时间、地点、领域都适用。为什么？因为目标明确能够将你引向成功。

所以，尽量缩小目标，专注于一处，那就是成功。

2 多米诺效应

> 剧变类似多米诺效应，由一块小小的骨牌发轫。
>
> ——B.J.桑顿

2009年11月13日是"多米诺日"，魏捷斯多米诺公司在荷兰吕伐登市进行了一场破纪录的表演——4 491 863块多米诺骨牌接连倒下，盛况空前。这场表演里每一块骨牌释放的能量积聚起来，将高达94 000焦耳，相当于一个成年男子做545次俯卧撑。

每一块骨牌都代表一个单位的潜在能量，骨牌越多就代表积累起更多的能量。积起一定量的骨牌后，轻轻一触就能激发

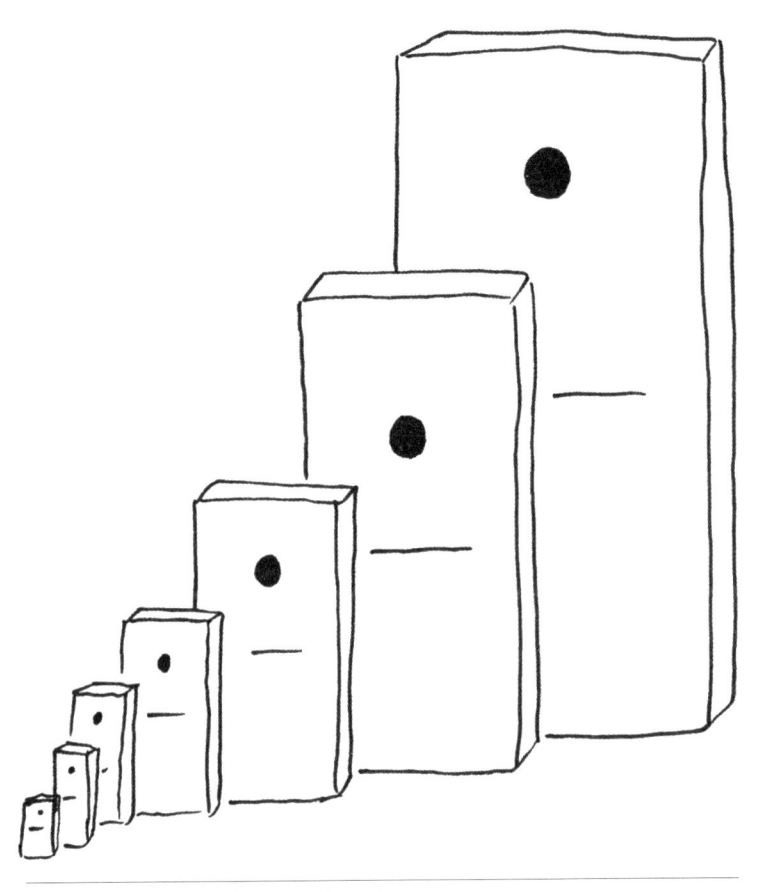

图 1　多米诺骨牌几何级数增长示意图

出惊人的效力。魏捷斯多米诺公司证明了这一点：做好一件恰当的事，其能量足以推动数件事，甚至更多。

1983年，洛恩·怀特黑德在《美国物理学期刊》上发表文章称，多米诺效应不仅局限于用一块牌推倒数块牌，还能以小牌推倒大牌。文章解释了一块骨牌如何推倒体积比它大50%的另一块骨牌。

看出其中的寓意了吗？其实一个人不仅能以一敌百，而且能以一战胜多个强劲的对手。2001年，旧金山科学博物馆的一位物理学家基于怀特黑德的发现，用8个胶合板做成多米诺骨牌重现了实验：每块胶合板骨牌依次比前一块大50%，第一块骨牌高

多米诺骨牌
——几何级数增长范例

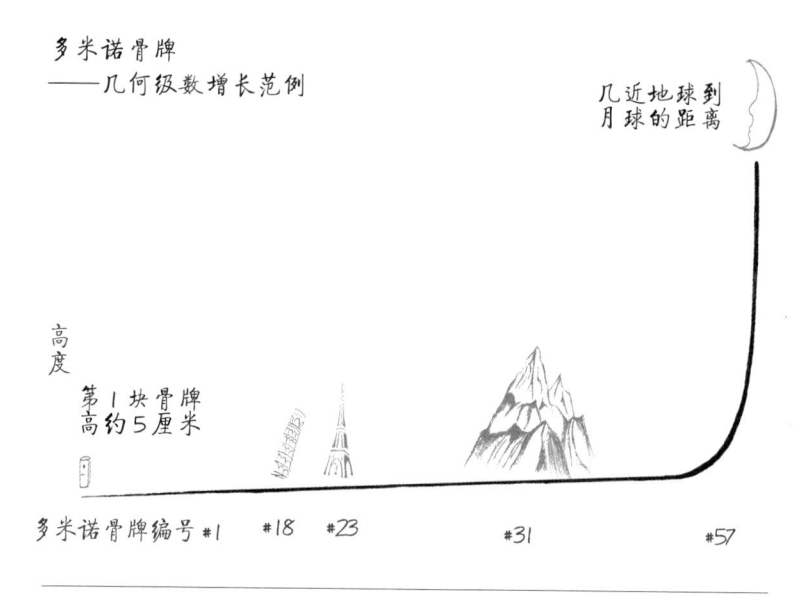

图2 几何级数增长过程好比一列长长的火车，开始起步缓慢，眨眼间就风驰电掣

2英寸,最后一块高近3英尺①。这场多米诺表演由一声脆响开始。若称一般的多米诺现象为"线性"推进,那么我们可视怀特黑德的多米诺现象为"几何级数"。所以,继续实验只能靠想象了。第10块牌已经和美国国家橄榄球队的四分卫佩顿·曼宁一般高,第18块媲美比萨斜塔,第23块赛过埃菲尔铁塔,第31块超过珠穆朗玛峰3 000英尺,而第57块,足以到达月球!

达到卓越

你若要成功,就要把目标定得高一点儿,即使是上天摘月亮也不为过。如果凡事都能分清轻重缓急,只着力于最重要的事,那么摘月便指日可待。追求卓越的方法就是在你的人生中制造出多米诺效应。

推倒多米诺骨牌相对简单,垒好骨牌后轻推第一块就行了。但现实中的事却麻烦多多,它们可不会按顺序排好,还告诉你"从这里开始发力"。真正的成功人士深知这一点,所以他们每天都会为当天要处理的事情排好优先次序,<u>完成最紧要的事就像推倒第一块多米诺骨牌,接着剩下的问题都会迎刃而解</u>。

此方法为什么可行呢?因为卓越的成就,是靠一步步累积而来,而不是将几件事的成绩累积起来就可以一蹴而就的。量

---

① 1英寸=2.54厘米。1英尺≈0.305米。——编者注

变终会引起质变。走好当下的一步，为下一步打好基础，经时累月，质变便可蓄势而发。多米诺效应不仅反映在大事上（比如你的工作和事业），也影响着每天的小事（比如下一步要做什么）。成功总是以前事为基础的，如此以往，终有一天你会取得极大的成功。

博学的人会花时间学习，技艺精湛的人会花时间锤炼技术，成功的人会花时间做事，富有的人会花时间赚钱。

时间是关键。成功总是逐步获得的，一步一个脚印，一次做好一件事。

3 成功有迹可循

一次只做一件事的人，才会领先于这个世界。

——奥格·曼狄诺

用心做好这一件事并不难，小心探寻，你就会发现它的踪迹遍布四周。

关键产品，关键业务

世界顶尖的公司通常都以自己的一种产品或一项业务著称，并主要依靠其赢利。桑德斯上校创办肯德基时，手里只有一份食谱。库尔斯啤酒公司1947—1967年赢利超过了1 500个百分点,也只供应一种口味的啤酒。英特尔公司绝大部分的收益来自其处理器的销售。再看看"只做最好的咖啡"的星巴克。我想已经不言自明了。

"只做一件事"的力量可以从数不胜数的成功案例中得以证明。有时,产品出产、货物送出几乎就等于生意成交了,但有时候情况却并不这么理想。例如,谷歌专注的是搜索引擎业务,所以依靠搜索为渠道、卖广告赢利是可行的。

那么,电影《星球大战》呢?应该专注于电影本身还是它的周边产品呢?这部电影衍生的玩具最近年收入超过100亿美元,而6部《星球大战》系列的全球票房总额为43亿美元,不足前者的一半。但在我看来,电影才是重点,因为所有周边产品的收益皆由电影衍生而来。

有时你会发现应该坚守的目标并不明确,但这并不是你放弃寻找目标的借口。科技创新、文化转型以及竞争压力是引导企业进步或者转变的力量。成功的企业都明白这一点,它们会不停地追问:"什么才是我们最应该坚守的?"

以苹果公司为例,它在拥有并保持一个专注点的同时,还能拓展出另一个焦点。1998—2012年,苹果公司的专注点从个人电脑Mac转移到一体机iMac,再到音乐商店iTunes,接着是音乐播放器iPod、手机iPhone,而当时苹果的平板电脑iPad已经是同类产品中的领头羊。虽然每次新品出炉都会引发广泛的关注,但苹果的其他产品并不会因此受到冷遇或者被迫降价。当季主打商品制造的光环效应会惠及其他，从而使消费者接纳苹果的整套产品。

找到目标之后，你看待商业世界的角度就会完全不同。如果你的公司现在还不清楚应该专注于什么，那么你当下的专注点就是找到它。

> 最重要的事只有一件。重要的事有很多，但最重要的事只有一件。
>
> ——罗斯·加伯

关键人

"只做一件事"是一个宏大的概念，可以指导人生的各个方面。将这个概念应用到某个人，你将看到这个人的命运的转变有多么大。例如，迪士尼公司创始人华特·迪士尼高中毕业后到芝加哥艺术学院念夜校，并为学院报纸画插画。之后，他想找份报纸插画师的工作，却一直不如意。华特的哥哥罗伊是一个银行家，他为华特在一个美术工作室找了份工作。正是因为这份工作，华特学会了动画，并开始制作卡通片。华特青年时期的"关键人"就是他的哥哥罗伊。

而沃尔玛公司的创始人山姆·沃尔顿的"关键人"则是他的岳父罗布森，罗布森借给山姆2万美元开了一家家居专卖店。之后，山姆创建了第一家沃尔玛超市，罗布森又给了山姆关键性的2万美元，门面才得以续租。

阿尔伯特·爱因斯坦的"关键人"是他的导师马克斯·塔木

德。正是他带领只有 10 岁的爱因斯坦进入数学、科学和哲学的世界。在指导爱因斯坦的 6 年期间,马克斯每周都会与爱因斯坦一家聚餐一次。

是的,人人都需要帮助。

奥普拉·温弗瑞将自己的成功归功于父亲,她认为正是那段与父亲和继母共度的日子"拯救"了自己。她在接受《华盛顿邮报》记者吉尔·尼尔森的采访时说:"如果当时没被送去和父亲生活,我的人生轨迹将会被彻底改变。"具体说来,奥普拉在找工作时接受了杰弗瑞·杰卡布的建议,这是她的人生转折点(杰弗瑞是一位律师、代理人、经理人及金融咨询师)。于是,奥普拉自己做了老板——她创办了哈普娱乐集团,而不是被动地等着被他人聘用。

披头士乐队成员约翰·列侬和保罗·麦卡特尼的音乐成就斐然,但在录音棚里埋头苦干的乔治·马丁却鲜为人知。他是史上最伟大的音乐制作人之一,在披头士的原声唱片制作中起着举足轻重的作用,因此他也被称为乐队的"第五名成员"。披头士的原创歌曲只有经过马丁的打磨才能达到理想的效果。在创作过程中,马丁还参与了管弦乐器的挑选、配乐以及大部分键盘部分的谱曲和演奏。

由此可见,每个人都有一个"关键人",他对于你有着非凡的意义,他有可能是第一个影响、训练、领导你的人。

没有人能仅靠自己就成功,没有一个人会这样。

钟情一件事，术业有专攻

所有成功故事的背后都有成功者对目标始终如一的坚守。任何成功人士的职业生涯都贯穿着这份坚持。每个人都怀有激情、有一技之长，但成功人士的不同之处在于，他们的热情只集中在一件事上，而且只对一种技能特别用心，所以他们在自己的领域做得更好。

> 一心一意很重要，下定目标，勇往直前。
> ——巴顿将军

兴趣和专业关系紧密，以致界限常常模糊不清。美国最优秀的印象派画家之一帕特里克·马修曾说，他最初喜爱绘画，进而勤加练习，最后以此为生，一天一画。意大利最好的旅游向导安吉罗·艾默里克也说，他从事的职业和后来发生的一切都源于对自己国家的热爱，从而希望将祖国的美景介绍给全世界的人们，这就是一个典型的成功案例。在激情的驱使下，你会忘我地投入时间和精力，正是这种持续的付出磨炼了个人技能，从而让你得到更好的结果。这样，成就感也就随之而来，激励你投入更多的时间和更多的精力。如此以往，便会形成良性循环。

吉尔伯特·图哈伯耶出生于非洲布隆迪的一个小城市，他目前是美国的长跑运动员。他对跑道和赛场无比痴迷，初中时就赢得了400米和800米的全国冠军。他对跑步的热爱改变了他的一生。

1993年10月21日，胡图族人袭击了吉尔伯特就读的中学，

> 坚持一个目标才能成功。
> ——文斯·隆巴迪

绑架了几个图西族学生。有些学生当场被杀害，有些学生被殴打并焚烧。幸运的是，吉尔伯特艰难地逃了出来，躲进了附近的医院。他是那次事件中唯一的幸存者。

之后，他来到美国得克萨斯州继续训练并参加比赛。毕业后他搬到了奥斯汀市，成了全市最著名的跑步教练。为了在家乡布隆迪钻井取水，他与其他人合伙创办了瞪羚基金（Gazelle Foundation）。此基金资助的主题活动是"为水奔跑"，参与者将跑过奥斯汀的主要街道。看见了吗？奔跑是贯穿他生命的主题。

从参赛者到幸存者，从校园生活到职业生涯，再到慈善事业，吉尔伯特的爱好转变为特长，又发展成他的职业，并一路为他带来回报。当吉尔伯特在奥斯汀莱迪伯德湖边的跑道上向其他选手微笑致意时，此番情景完美地诠释了一个人的爱好如何进化为专长，并点亮了他的人生。

每个成功人士的人生轨迹都是"只做一件事"的佐证，因为它是指向成功的绝对真理。我已经见证了它的力量。如果你遵循这一真理，它也将助你成功。真理看似简单但其中包含深刻的智慧，你可以在工作中及生活中运用它，这样你将梦想成真。

一个人生选择

若要选出因"只做一件事"而成就卓越人生的典型案例，我想非美国富豪比尔·盖茨莫属。盖茨中学时醉心于研究计算机，继而学会了编程。也是在那个时候，他遇到了保罗·艾伦，保罗先是聘用了盖茨，之后和盖茨一起创办了微软公司。这一切都源于两人写给爱德华·罗伯茨的一封信——爱德华为计算机"牵牛星8800"编写的代码让这两人惊呆不已。正是因为他们受到了震撼，微软的目标才得以确定——专门开发售卖"牵牛星8800"基础解码器。这让比尔·盖茨在之后的15年稳居世界首富的位置。盖茨退休后，史蒂夫·鲍尔默接替他担任公司首席执行官。史蒂夫是盖茨的大学同学，在微软工作了30年，也是盖茨聘请的第一位业务经理。但故事还没完。

盖茨和夫人梅琳达决心用财富造福世界。他们深信人人生而平等，所以他们创办的基金会以解决普世难题为唯一目标，比如卫生和教育问题。此基金会创办至今，绝大部分资金都用于支持"比尔·盖茨和梅琳达·盖茨基金会全球健康计划"项目。该项目的目标之一便是扶持医疗发展，救助贫困国家人口。为此，基金会致力于攻克传染性疾病。在与传染性疾病对抗的过程中，基金会将重点放在了疫苗上。盖茨解释说："我们要找到最有效的……疫苗，它是保障健康的一剂灵药，而且价格不高。"以疫苗为重点的经营模式得益于梅琳达从一开始就提出了指导性的问题："怎样把钱用到刀刃上，才能使其发挥最大效用？"由此可见，盖茨夫妇是"只做一件事"的最好例证。

一个目标

当下世界的大门向每个人敞开,科技和创新让我们拥有各种机遇。这既让人兴奋,又让人难以招架——我们一天要接收大量的信息。我们被催促着,被驱赶着,我们花了太多精力去做不同的尝试,得到的回报却太少。

少即是多,这是人人皆知的普世真理,但问题是,我们该怎么做呢?我们在生活中总会遭遇种种选择,我们该何去何从?如何才能从优而选,享受品质生活,此生无悔?

答案就是,只做一件事。

所谓英雄所见略同,终极目标是成功的关键,也是成功之路的起点。研究结果和很多人的亲身经历都告诉我们,成功并不神秘。当然,道理易讲,实践弥难。

因此,开诚布公地讨论"只做一件事"如何开启成功的大门之前,我们先谈谈人们对它的误解。这些误解是关于成功的谎言,也是阻止我们抱持此信念的原因。

只有摒除谬误,我们才能认清目标,步入正轨。

PART 1

第一部分
谎言
误导并阻碍成功

> 让我们陷入困境的不是无知,而是看似正确的谬误论断。
>
> ——马克·吐温

恼人的"真相"

2003年,韦氏在线词典根据当年的搜索数据找出了"年度词汇"。其理论是,在线搜索量是大众心中所想的直接反映,也必定是时代精神的写照。排行第一的"民主"应运而生——当时美国对伊拉克的战火刚刚点燃,好似掀起了一股对"民主"的全民追问。时隔一年,"博客"这个新兴词汇代表某种全新的社交方式横空出世,一举夺魁。2005年,国际政坛丑闻迭出,"廉洁"一词顺势登上榜首。

2006 年，韦氏更新了排名方式，网友可以提名选出"年度词汇"。看上去，韦氏是为大量的筛选工作注入了一个保障机制，我们也可以将其视为韦氏的一个巧妙的营销手段。当年，"真相"一词以绝对优势赢得"年度词汇"称号，这个英文单词出自美国喜剧演员斯蒂芬·科尔伯特。在喜剧中心频道的《科尔伯特报道》栏目中，他将"真相"定义为"发自内心感受而非出自书本"。我们身处的时代被信息裹挟，新闻、广播充斥双耳，博客鱼龙混杂，所谓"真相"不过是掺杂着巧合、意外甚至是阴谋的迷人假象，让人信以为真。

问题在于，我们都按照自己相信的"事实"去行事，即使在我们本不应该去相信的时候也是如此。这样一来，专心于一件事就不那么容易了，因为太多的事让人分心——长此以往，这些事就会扰乱我们的思想，误导我们的行动，最后喧宾夺主。

人生苦短，生命宝贵，你不能心猿意马。真正的解决之道恰恰近在咫尺，可惜我们总是视而不见，把它当作陈词滥调、言之无物的大道理。你听说过"温水煮青蛙"的寓言吗？把一只青蛙直接扔进沸水，它会烫得一下子跳出来。但若把它放进温水中，再慢慢加温，青蛙直到被煮熟也不会有任何知觉。这个故事是编造的，虽然听起来很可信。你是否常常听到"赌马选骑师，不选马"的说法？但真到了赛马场上，按这个理论行事必会输光。神话和假说经过时间打磨，再加上以讹传讹，最终渐渐被人们熟知并接纳了。

谎言

这将导致在我们准备做出重要决策的时候也会参考这些说法。

我们在设计成功策略时面临的挑战是，有很多"温水煮青蛙式的故事"影响着我们的判断。"要做的事实在太多了"，"同时做几件事效率会更高"，"我必须更自律"，"能力要紧跟想法"，"要平衡生活的各个方面"，"我的理想太不切实际了"——以上想法达到一定的频率，就汇集成了阻碍目标达成的6个谎言。

阻止你成功的6个谎言

1. 每件事都很重要

2. 你可以同时处理多件事

3. 过上有规律的生活

4. 意志力触手可及

5. 平衡工作与生活

6. 大即不佳

这些谎言停留在我们的大脑，并逐渐变成处事原则，把我们从康庄大道引入崎岖小路。所以，若要施展才华，就忘了这些谎言吧。

4 每件事都很重要

> 生活中的芝麻小事永远不应阻挡你去追逐伟大的事。
>
> ——约翰·沃尔夫冈·冯·歌德

人们打着正义和人权的旗号,对"平等"推崇之至。但现实世界从不存在绝对的平等。老师打分时,每两名学生中总有优劣之分。评委评选时,面对的选手也总有高低的差别。英雄遇英雄,各有所长。平等很理想,但现实很具体。

平等是一个谎言。

认识到这一点,才能做出正确的选择。

那么，我们应该怎样选择呢？每天要做的事那么多，哪件事应该优先？我们在儿时通常是到什么时间就做什么事，比如在吃早餐的时间、做功课的时间、去教堂的时间、洗澡的时间、睡觉的时间都做着相应的事。但长大后，我们便开始动心思了，只要能在晚饭前做完作业，那么想出去玩多久就能玩多久。成年后，我们凡事都得动动脑筋，事事都要由自己选择，人生每一步都是选择题。于是，最重要的人生命题便是如何"做出正确的选择"。

年纪越大，问题越复杂，越来越多的事等着我们去解决。超负荷、高强度、分身乏术的状态让我们终日浑浑噩噩。

如此一来，找寻成功之道便迫在眉睫。准备做出决策的时候，如果你缺乏清晰的策略，就容易按习惯行事，接着退回熟悉、放松的状态。随意的决策会导致失败。我们就像恐怖电影里绝望、无助的主人公，眼看人生成了一场弹球赌博，遍寻出路，却跑进死胡同。最好的决策总是与最糟的决策为伍，有时你会觉得离成功只差一步，实际上却差之毫厘、谬以千里。

最重要的事，也许并不是最起眼的。

——鲍勃·霍克

在生活中，事事好像都紧急、都重要，于是我们忙里忙外好不热闹，但成功并不因忙碌而靠近我们。采取主动并不能保证你享受成果，花费时间也未必能收获效益。

正如亨利·戴维·梭罗所说："仅有勤劳是不够的，蚂蚁也是勤劳的。要看你为什么而忙。"事无巨细地接手一百件事，倒还不如只挑其中最重要的一件用心去做好。事情总有轻重缓急，多劳未必多得，但盲目忙碌的情景天天都在上演。

为无谓的事做无用功

"待办事项清单"对于时间管理和获取成功来说意义非凡。任何人的想法都是层出不穷、转瞬即逝的，这时要抓住时机，迅速记录，事后再有条理地将它们整理成册。善于管理时间的人会按日、按周、按月为要做的事预留出充裕的时间。由此可见，我们生活的方方面面都离不开这类清单，但金无足赤，凡事都有利有弊。

列清单的确是一个帮助我们集中注意力的有效方法，但我们似乎会被它限制住，不得不去完成清单上的每一件事，这就是为什么我们对清单又爱又恨。清单限制了我们处理事情的先后顺序，就像收件箱里的邮件一样控制我们的时间——许多邮件实际上并不重要，却占据了优先的位置。对此，澳大利亚前总理鲍勃·霍克说："最重要的事，也许并不是最起眼的。"

成功人士处理事务的方法与普通人不同，他们能抓住重点。在做出决策之前，他们会充分思考，直至找到主要任务，并以此为轴心再去做其他事。成功人士有可能先做普通人会推迟的工作，区别不在于意图，而在于方式。成功人士对待办事项的认识清醒到位，所以排序准确。

其实"待办事项清单"不过是一个日常生活中的小发明，但它也可能成为我们成功路上的拦路虎。清单上靠前的事项不过是你先想到的事务而已，也就是说清单并不具备成功导向性。更明确一点儿来讲，大部分的待办清单其实是"存活清单"，只能帮你应付日子，对迈向成功毫无帮助。花大把时间检查清单处理情况、追求整洁的办公桌和塞满的垃圾桶带来的成就感其实对于获得成功毫无裨益。相比这样的清单，你更需要一个"成功清单"，上面所有的内容都围绕着你的终极目标。

"待办事项清单"复杂冗长，而"成功清单"则短小精悍。前者要你处处兼顾，后者让你集中目标；前者随意凌乱，后者条理分明。如果获得成功不是建立清单的前提，那么它也不会是结果。如果一个清单的内容事无巨细，那么最重要的事很可能会被淹没其中。

成功人士是如何将普通的清单转化为成功清单的呢？应该做的事太多了，如何将每一分钟都充分地利用呢？

约瑟夫·朱兰是我们的标杆。

朱兰解码

20世纪30年代，几位通用汽车公司的经理对一个出现乱码的读卡器（早期的计算机输入设备）进行维修时，意外找到了密码的编译方法。这在当时意义重大。自第一次世界大战期间德国恩尼格玛密码机问世以来，编码和译码既涉及国家安全，又受到公众的关注。当时的几位经理都认为意外收获的密码牢不可破，只有西部电气的一个访问顾问提出了异议。当晚，他连夜挑起了破译密码的重任，直至次日凌晨 3 点终于证明了自己的猜想。这位顾问就是约瑟夫·朱兰。

此后朱兰便一发不可收拾，开展了一系列密码破译的工作，为科学和商业等领域做出了卓越贡献。他在这方面的成就引起了通用公司高层的注意，甚至被邀请检验依照意大利经济学家维尔弗雷多·帕累托的理论为公司管理层设计的薪酬分配方案。19 世纪，帕累托计算了收入情况后，声称世界上 20% 的人口占有 80% 的财富。显然，这说明财富分配失衡。帕累托的想法相当有前瞻性，但作为质量控制管理模式的创始人，朱兰则注意到了"千里之堤溃于蚁穴"的道理。这种不平衡不仅来自他的亲身体验，他还预测这将是一个普遍规律——帕累托自己恐怕根本没料到这一发现的深远意义。

朱兰博士在撰写其主要作品《质量控制手册》时，想为其中"重要的少数和琐碎的多数"原理寻找一个短小的名字。他在书稿中的几处插图旁边标注了"帕累托分配不公原理……"，但在他人眼中，"帕累托法则"（即 80/20 法则）应该是"朱兰定律"。

事实证明，帕累托法则的重要性宛如万有引力，然而大多数人却忽视了它的作用。它不是纸上谈兵的理论，而是可被证实并且能够预言的真知灼见，是当代最伟大的生产力真理。理查德·科克在《80/20 法则》中总结："80/20 法则认为少量的原因、投入、付出常常产生大量的结果、产出、回报。"也就是说，对成功而言，分配也是不公的，小因成大果的事屡见不鲜。只要恰到好处地付出，就会获得最佳结果。有选择地付出，才会获得有效的回报。

帕累托为我们指明了方向：<u>绝大部分所得恰恰是靠较少部分付出而获得的</u>。取得卓越成就所需的付出往往比我们想象的要少。

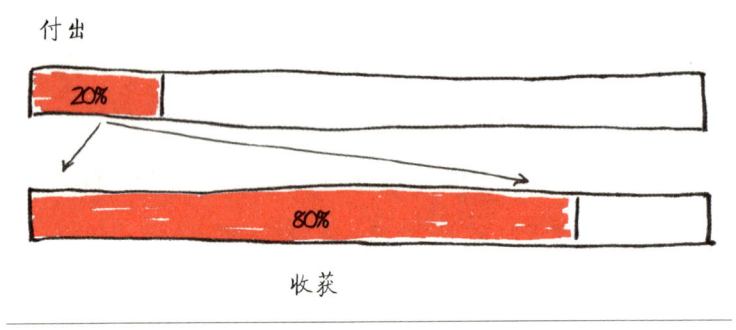

图 3　80/20 法则认为，80% 的结果得益于 20% 的付出

但我们不要纠结于具体数字。帕累托法则的重点是分配不公，80/20 的比例实际上会有细微的调整。根据具体情况不同，它有可能是 90/20，意味着 90% 的结果得益于 20% 的付出，或者 70/10，又或者 65/5。比例有变，法则如一。朱兰的理论是，万事并非同等，有的事更重要，而且重要得多。参照帕累托法则，我们可将"待办事项清单"转变为"成功清单"。

因此，帕累托法则是我的职业发展中最重要的指导理论。按朱兰的理论，我一遍遍回顾过去的日子——正是几个决定性的想法促成了我今天的成就。例如，有些客户比其他客户更重要，几位关键人是我获得商业成功的重要推手，几笔正确的投资让我得到了现在的绝大部分资产。分配不公反映在我生活的方方面面——它越起作用，我就越相信它；我越相信它，它就越起作用。于是我意识到，事出并非偶然，继而将这一原则作为我生活的指导。你也可以应用这一原则，成绩一定斐然。

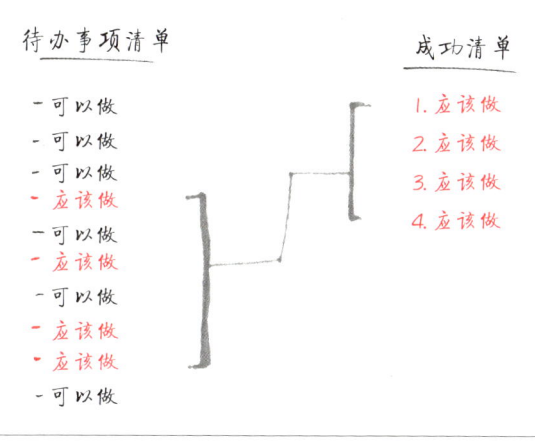

图 4　将你的待办事项清单重新排序，它就变成了成功清单

极端的帕累托

　　帕累托证明了以上所有观点，但仍有不足之处，他探讨得还不够深入。你可以走得更远，把帕累托法则用到极致。<u>缩小施力</u>

范围，找出你的20%，继续在这20%里缩小范围，找出关键中的关键。80/20法则不过是第一步，若要成功，你还有很多路要走。帕累托帮你开了头，你还要靠自己走到终点。80/20法则是成功的基本要求，但你可以更进一步去发挥。

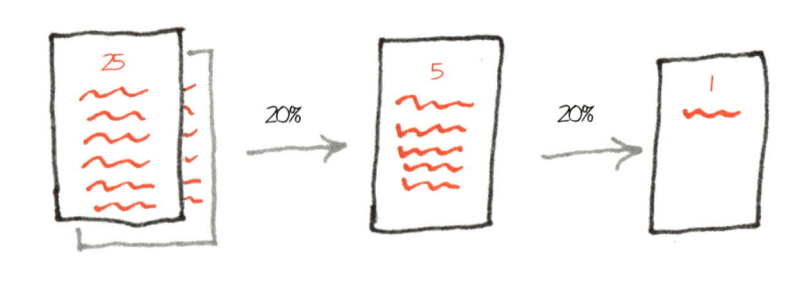

图5 无论你的待办事项有多少，你都可以将其精减至一项，别半途而废

从20%中找出20%，再从中找出20%，直到你找到最重要的那一件事！无论任务类型、种类、目标，无论大事小事，都要从大处着眼，但也要牢记的一点是：你必须由大化小，慢慢缩小范围，直至找到最重要的那一个目标。它一定是不偏不倚的那个目标，也是你必须坚守的唯一目标。

2001年，我组织了一次公司的高层会议。当时公司发展势头大好，可是尚未引起业内顶尖人士的注意。我要求精英团队头脑风暴出100个改善现状的方法。花了整整一天，我们才列好这个百项清单。第二天一早，我们将清单条目缩减到10条，然后我们又从这10条中选定了一条。这条建议要求我写一本如何成为一名精英的书。我们成功了。8年之后，那本书不仅成了全美畅销书，而且跻身百万销量书籍的行列。这个行业有上百万人，但一本书、一件事就能改变我们在百万人心中的地位。

当然该法则的影响力并不局限于商业层面。我40岁才开始学吉他，而且每天只练习20分钟。由于20分钟的时间太短，于是我不得不减少学习的内容。我向埃里克·约翰逊（史上最优秀的吉他乐手之一）请教。埃里克说，如果我只有时间练习一个技巧，那就练音阶吧。我采纳了他的建议，选中了小调布鲁斯音阶。我发现，练好这个音阶我就能演奏埃里克·克莱普顿、比利·吉本斯等摇滚大师的吉他独奏，或许有一天还能演奏埃里克·约翰逊的曲子。小调布鲁斯音阶就是我学吉他时的唯一目标，它为我敲开了摇滚乐的大门。

付出与收获不对等的现象随处可见，稍加留意你就会发现。好好应用帕累托法则，成功便触手可及。相较而言，总有一些事情是更重要的，而在这些事情里，只有一件事是最重要的。将这个概念内在化，你就获取了成功的通关密码。迷茫的时候，想想这个法则，让它帮你找到你的目标。

建议

1. **缩减**。不要纠缠在烦乱的忙碌之中，要执着于效率。你每天的工作都应围绕着终极目标而展开。

2. **极致**。一旦你意识到什么是重要的，就要继续追问更重要的是什么，直到找到那件最重要的事。将主要精力放在成功清单的第一项上。

3. 拒绝。为紧要的事腾出时间，对其他事情暂时说"不"或者拖延一阵。

4. 别掉进"待处理事项"的陷阱。区别对待每件事，而且要真正做到。千万不要认为所有的事情都需要做完才行，也不要相信"要成功就得完成所有目标"这样的观点。别掉进"待处理事项"的陷阱，划掉清单上的琐事绝不能助你成功。每件事都不同，选择最重要的事才会有所裨益。

这件最重要的事或许是你着手的第一件事，也许是你处理的唯一一件事。无论如何，去做最重要的事才是关键。

5 你可以同时处理多件事

> 同时做两件事等于一件都没做。
> ——普布里利乌斯·叙鲁斯

既然做那件最重要的事才是关键,那么为什么还要同时做其他的事呢?这个问题至关重要。

2009年夏,克利福德·纳斯试图回答上述问题。他想看看所谓的"多面手"究竟是如何完成任务的。这位斯坦福大学的教授告诉《纽约时报》的记者,他曾经很"崇拜"那些多面手,并承认自己缺乏这种能力。于是他带领研究团队发放了262份学生问卷，以此调查他们同时处理多项事务的情况。他们将调查对象按结果分为两类，并推测：经常同时处理多项事务的人，其工作效率更高。但事实证明并非如此。

纳斯说："我原以为他们一定有某种神奇的能力，结果发现多面手根本抓不住重点，实在无法令人羡慕。"他们看起来每方面都可兼顾、如鱼得水，好像没什么能难倒他们，但就像纳斯说的，"多面手做的每件事都不怎么样"。

由此可见，同时兼顾几件事只是一个美好的谎言。

说它是一个谎言，是因为现在大家都把这种做事方式当作效率高的表现。而且目前这种做法十分流行，很多人都认为应该这么做，而且对此不遗余力。人们不仅谈论它，还在谈论怎么掌握这种技巧。有超过600万个网页教你怎么做，招聘启事也将其列为一项有明显优势的能力。有人对它推崇备至，甚至奉为人生信条，其实它只是一个"盲目的谎言"，同时处理几件事既无效率也无作用。生存于这个以结果为导向的世界，信奉此信条一定会让你失望。

若尝试同时做两件事，结果是要么根本做不成，要么两件事都做不好。你本想提高效率，但这种方式肯定会拖你的后腿，导致效率降低。看看史蒂夫·乌泽尔的总结："同时处理几件事等于同时搞砸几件事。"

心猿意马

关于人类同时处理多件事务的相关心理学研究可以追溯到 20 世纪 20 年代,然而,"多任务处理"这个名词在 40 年后才正式出现在大众视野。最初这个名词被用于计算机而非人脑。当时计算机 10 兆赫的处理速度已经超出了人们的认知经验,需要一个新名词来形容它同时快速处理多项任务的能力。现在想来,是"多任务处理"这个词本身,容易让人产生误解——它本来的意思是多项任务轮流使用一个资源主体(中央处理器),但时间一久,人们渐渐把它解读成多个任务同时使用一个资源主体(当事人)。这个词明显是被曲解了,因为即使是计算机,它在同一时间也只能处理一条代码。所谓计算机的"多任务处理"功能不过是在不同的任务之间切换,分别完成每个任务。计算机处理每个任务的时间都很短,让人误以为是同时进行,因此,再把人与计算机相提并论,就会产生误解。

人类确实可以同时做两件事,比如一边走路一边说话,一边嚼口香糖一边看地图。但是跟计算机一样,我们不可能同时专注于两件事,不然就可能发生悲剧。例如,两架飞机被安排在同一条跑道上着陆,医生给病人开错药,婴儿被遗忘在浴缸里……同时做太多事,可能会扰乱你去做最重要的那一件事。

奇怪的是,现代人恰恰就喜欢给别人留下"多面手"的印象,并觉得理所当然。例如,孩子边做功课边听音乐,成年人边开车边打电话，边吃饭边玩手机。我们不是时间太少、事情太多，而是一直在暗示自己要同时做更多的事。这样一来，原来做一件事的时间，现在我们希望可以做两件甚至三件事。

下面来谈谈工作场景。

现代办公室内的情景就是一个要求每个人都有"三头六臂"的地方。你正专注于眼前的某个项目，突然就有人咳嗽起来，问你有没有止咳含片。办公室里的呼叫系统此起彼伏，覆盖范围之内无人能够幸免。邮箱里的邮件好像永远都处理不完，社交主页上还不停跳出信息吸引你的眼球，接着手机也震动着提示收到了新消息。一堆信件还没有拆，一堆事情还没有做，面前却总有人无休无止地问你问题。分心、干扰、中断每时每刻都在发生。调查研究显示，员工每 11 分钟就被打断一次，他们每天有 1/3 的时间花在从干扰中恢复的过程上。即便如此，我们仍然得在规定时间内完成任务。

这不过是自欺欺人罢了。"多任务处理"就是一个弥天大谎。桂冠诗人比利·柯林斯说过："所谓的'多任务处理'似乎认为我们真能同时做几件事……听听佛教徒怎么说吧，这叫心猿意马。"我们自诩为多面手，实际上是在拆东墙补西墙。

切换任务的障眼法

渴望拥有这样的能力是天性使然。我们的大脑平均每天承载

4 000次的"灵光一现",它当然想尽量多多兑现。但新的想法从产生到注意力转移需要14秒,同时兑现两个想法显然不太实际,而且,从手头的事情中抽身也只是分秒之念。更何况,从人类历史的发展角度来看,这种能力可被看作进化的要求和选择。试想,如果人类的祖先采果、狩猎或者在篝火旁休息时不能觉察野兽的袭击,那么人类恐怕早已灭绝了。在事务间游刃周旋,不仅仅是人类的特质,更是生存之道。

但周旋之术并不等同于同时处理多个任务的能力。

它不过是障眼法罢了。就好比玩魔术球的杂耍艺人看似在同时玩三个球,其实是轮流抛出,再轮流接住每一个球。接、抛第一个,接、抛第二个,再接、抛第三个,一次一个而已。研究者称之为"任务切换"。

一旦发生任务切换,就有两件事随之发生。第一件事是与切换同步发生的:你决定转移注意力。第二件事比较不易察觉:为接下来要处理的事制定"原则"(参见图6)。如果这两个任务相对简单,比如看电视和叠衣服,那切换起来就轻松又迅速。但是,如果你正在做电子表格,同事突然要和你讨论公事,这两件事切换起来可就不那么容易了。

无论如何,重新着手某项任务再回到原始任务总会耗费时间,更糟的是,这个衔接的程度也不好把握。切换任务是要消耗成本的。研究人员戴维·迈耶称:"多耗费的时间视任务的难易程度而定,就简单任务而言,时间成本小于等于25%,而复杂任

受干扰的工作流程

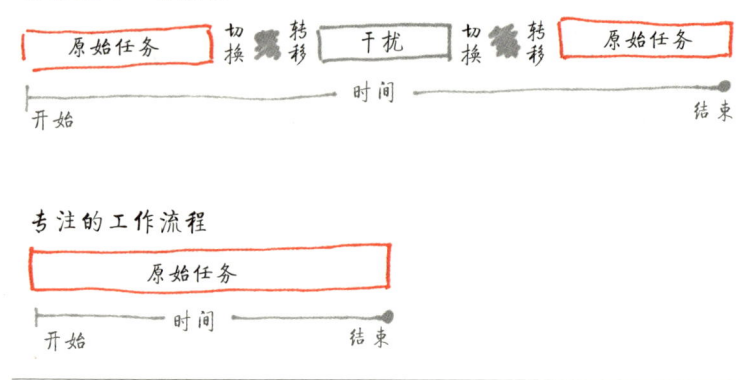

图6　同时做多件事不是节省时间，而是浪费时间

务的成本则高达100%或以上。"许多人根本没有意识到他们为此付出了这么大的代价。

一心不可二用

那么，如何同时做两件事呢？答案很简单：分开处理。我们的大脑有不同的通道，可以分别处理不同的信息。这就是你能一边说话一边走路的原因，两个通道互不影响。但需要提醒你的是，你的注意力不是两边兼顾的，这相当于两个动作一个在台前、一个在幕后。如果你正和人讨论如何安全地让一架喷气式飞机降落，那最好还是停下来别走路了。或者，你正在峡谷上过吊桥，那你还是不要聊天了。同时做两件事是有可能的，但同时专注于两件事则是不可行的。就连我的爱犬马克斯也懂得这个道理，每当我为电视篮球游戏分心时，它就会猛蹭我一下以示提醒。

人们的误解还源于我们的某些身体机能不需要用意识控制也可同时运转。此言不虚，但想法略有偏差。有的器质性动作如呼吸是由特定的大脑区域管辖的，它与注意力区域分工明确，因此两者并不冲突。当我们提及"焦点"和"首要"的时候，才会触动注意力通道——前额叶皮质。启动专注机制类似于聚光于某个点。兼顾两个点不是不可能，不过这需要你"分散注意力"，而且不能出错。两件事一起做，注意力会被分散；三件事一起做，则必有一失。

兼顾两头的潜在风险在于，其中一件事可能需要大量的注意力，或者抢占已在使用中的脑通道。当你听爱人向你描述客厅重新装修之后的样子时，你的视觉皮质便在脑中为你勾勒出一幅画面，如果这时你正在开车，视觉通道受到新沙发、双人座椅等图像的干扰，就可能导致你忽略前方的紧急情况。因此，两件重要的事千万不能一起做。

由此可见，同时做两件事意味着主动分散注意力、减少对收益的期待。下面简单列出"多任务处理"的弊端：

1. 大脑的潜能是无限的。要分区充分利用，也要做好浪费时间和降低效率的准备。

2. 切换至另一项任务花费的时间越多，你就越难回到原始任务上，这样虎头蛇尾的事只会越积越多。

3. 在不同的任务之间来回周旋将耗费时间，这些零碎时间会积少成多。研究显示，我们在一个工作日内平均有28%的时间浪费在任务转换上。

4. 习惯性"多面手"无法准确地估计完成一项工作的确切时间，他们的预计往往比实际耗时长。

5. "多面手"更容易犯错。他们总轻信新信息，却对更有价值的旧信息视而不见。

6. "多面手"的私人时间较少，忧虑和压力较多。

调查结果已经再清楚不过了，同时处理多件事会导致更多的失误、做出更多错误的选择、增加压力。而且，我们还是会明知故犯，或许它的吸引力实在太大。通常，员工在工作时，平均每小时切换窗口、查阅邮件、使用其他程序共计37次；而且他们越是处于精神不集中的状态，越是容易分心，又或许是它引起的兴奋让人上瘾——不停地切换手头的事务会让人产生紧张感，而且大脑突然分泌大量多巴胺，这样的感觉也会导致依赖。所以，没有多巴胺分泌的时候，人们就会觉得无聊。不管怎样，结论很明确：同时处理几件事会降低我们的效率和反应速度。

失魂落魄

2009年，《纽约时报》记者马特·里克特凭借其系列报道

《失魂落魄》获得了普利策奖，报道的主题是驾驶时发短信、使用电话的危险。他发现，分心驾驶每年可直接导致16%的交通死亡率以及50万起交通伤害事件。随便一个电话都会使你的注意力降低40%，其影响等同于酒后驾驶。基于这些事实，许多国家和城市都禁止驾驶员开车时打电话。这一规定有理有据，即使你感到于心不忍，也绝不能纵容孩子在驾车时打电话。一不小心，你的爱车就会成为凶器、变成废铁；一丝分心，就会导致车毁人亡。

我们都知道工作时分心可能造成生命危险，我们都希望机长专心驾驶、医生专心做手术。同样，如果有人在工作时三心二意，我们就认为他应该受罚。我们期待专业人士业务娴熟、认真负责，但在要求自己的时候，就降低了标准。难道我们不在乎自己的工作质量，不想认真对待自己的工作吗？为什么我们做紧要事的时候还会分心呢？虽然我们的日常工作不像外科医生做心脏搭桥手术般关乎性命，但它关系着我们自身或者他人的成功。因此，你的工作应该得到同等的尊重。或许在当下看来，你的工作的重要性并不显著，但各行各业息息相关，这就要求每个人不仅要完成任务，还要兢兢业业。试想一下，你若不珍惜，那么每天1/3的时间日积月累起来，对自己、对他人、对事业的损失将会多么大？想清楚这一点，你就会明白，如果不改变这种工作方式，你的事业将受到影响，甚至可能殃及他人。

就工作而言，心不在焉都会造成哪些负面影响？作家戴夫·克伦肖这样写道:"日常生活中,我们接触最多的人和事最值得我们重视。如果你只愿付出一部分关心及零碎的时间,若即若离,那么你失去的不仅仅是时间,还有与他人的联结。"每当我看到一对情侣用餐,一方努力沟通,而另一方却在桌下玩手机时,我就会想起这段话。

建议

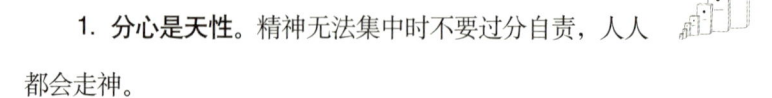

1. **分心是天性**。精神无法集中时不要过分自责,人人都会走神。

2. **同时做几件事会得不偿失**。无论个人生活或者工作,分心都会导致选择错误、致命的损失和不必要的压力。

3. **分心减少成效**。同一时间里做太多事,就会什么也做不成。把你分散的注意力收回来,用在最重要的那件事上。

若要"只做一件事"的方式发挥其魔力,你就不能认同同时做几件事的处事方式。此法虽可行,但不可靠。

6 过上有规律的生活

> 自律是一个流行的谎言。
>
> ——利奥·班巴塔

人们普遍相信成功人士是"自律之人",他们都过着"规律的生活"。

这又是一个谎言。

实际上,我们不必再给自己增加条条框框了,调整并管理已有的规矩就已经足够了。

与大部分人的想法相反,我认为成功并不能靠马拉松式的动作达成,成就也并不会因为你是一个自律的人就随之而来，你所受的训练和自控力并不适用于每个场合。成功实际上是一场短跑比赛——一场由自律驱动的短跑，持续时间足够长，就能发挥习惯的力量。

当一件事本应完成却没有完成时，我们常会告诉自己，"再坚持一下"。其实，我们需要的不是坚持，而是习惯。要养成习惯，我们就需要自律。

提及成功，"自律"和"习惯"总是会一起出现。它们虽然意思不同，但关系紧密，共同成为成功基石的组成部分——为达到某一目标而规律地工作，直至规律奏效。有意识的自律代表你有固定的训练方向，训练时间足够长就变成了理性规律，即习惯。所以，"自律"的人平时会训练自己养成好习惯。他们看起来是"规律"的，但其实不是，没有人是"规律"的。

说到底，谁愿意做一个"规律"的人呢？每个日常动作都要经过打磨，训练还不能停止，光是想想就觉得既可怕又无聊。大部分人都已预料到这条艰辛的必经之路，他们要么一遍遍地尝试，要么趁早就默默退出。尝试的人必定感到焦虑，久而久之也就放弃了。

自律不是获得成功的必要条件。获得成功只需要你去做对的事，而不是做对每件事。

成功的诀窍是选准一个正确的习惯，训练自己，养成这个习惯。就这么简单，你只需要做这么多。当这个习惯已经成为你生活的一部分时，你看起来就像是一个自律的人了。无须方方面面都自律，你只要挑选最有用的那件事，坚持下去就可以了。你的目标就是选中一条规律，将它培养成牢固的习惯。

规律训练成效显著

奥运冠军迈克尔·菲尔普斯就是规律训练的经典案例。他在儿时被诊断出患有注意缺陷多动障碍，幼儿园老师告诉他的母亲："菲尔普斯总是坐立不安，没法安静下来……很抱歉，你儿子完全不能集中精力。"鲍勃·鲍曼自菲尔普斯11岁起就担任他的游泳教练，他说菲尔普斯总是跑到训练池边的救生员位搞破坏，这个坏习惯在菲尔普斯成年之后也偶尔会犯。

但菲尔普斯最终创造了一个又一个世界纪录。2004年雅典奥运会，他赢得了6枚金牌、2枚铜牌。2008年，他又刷新了8项世界纪录，打破了马克·斯皮茨的神话。他总共获得了18枚奥运金牌，这在奥运史上无人能及。2012年伦敦奥运会是他的退役之战，他将奖牌总数更新到了22枚，成了最耀眼的奥运明星。一名记者曾这样形容："如果菲尔普斯独自代表一个国家，他在奖牌排行榜上也能排到第12位。"他的母亲自豪地说："迈克尔的专注程度让我惊讶。"鲍曼也称赞他的专注力是其"最厉害的武器"。为何会这样？当年那个"完全没法集中精力"的男孩是如何蜕变的呢？

秘密在于他多年来都在规律地训练自己。

菲尔普斯自 14 岁开始开始到参加 2008 年的北京奥运会，他都始终坚持每周训练 7 天，每年训练 365 天，从未间断。此外，他每天在水下长达 6 个小时。鲍曼说："懂得分配精力是他的优势。"我并不是在刻意简化，但不夸张地说，菲尔普斯将所有的精力都分配给了每日必须进行的一个习惯——游泳。

培养一个好习惯的回报是丰厚的。习惯将把你引向成功，它还可能在无形中助你成功；同时，你的生活也会变得更纯粹、更明晰，因为你知道什么事该做，什么事不值得做。将精力集中在一个方向使用，你自然就会对其他的事放手。做正确的事能够将你从无谓的小事中解救出来。

菲尔普斯在泳池中找到了自己的一席之地。经过长时间的训练，他的自律变成了习惯，他的习惯又帮助他取得了巨大的成功。

66 天养成一个习惯

对于自律和习惯，扪心自问，没多少人愿意为此付出太多。谁又能责怪他们呢？我自己也无法理直气壮地指责这样的人。这两个词在我们脑海中的印象是生硬且令人不快的。只是想想都会让人泄气。幸运的是，自律虽漫长，习惯虽难以形成，但都只是在训练的开始阶段。时间一长，保持习惯就不吃力了。事实也确实如此。习惯的保持相较于养成，则容易得多（参见图 7）。经过一段时间的自律，当习惯养成时，你的体验就大大不同了。将一个习惯坚持下来,它便会成为你的一部分,这样你在提高效率时所体会的辛酸也会随之减少。困难变成习惯,习惯又会帮你解决困难。

那么需要多长时间,自律才能变成习惯呢?伦敦大学的研究人员为我们提供了一个明确的答案。2009年,他们开展了一项调查提问:"养成一个习惯需要多长时间?"他们所谓的习惯是指一个已经变得根深蒂固而你毫无觉察的行为。当参与者通过了95%的能量曲线且继续某个动作时不再费力,就可以被称为"习惯成自然"了。研究人员要求学生进行锻炼或者控制饮食,并记录下这个过程。调查结果显示,养成一个习惯平均需要66天。被测数据实际为最少18天、最多254天,但66天就可以达到一

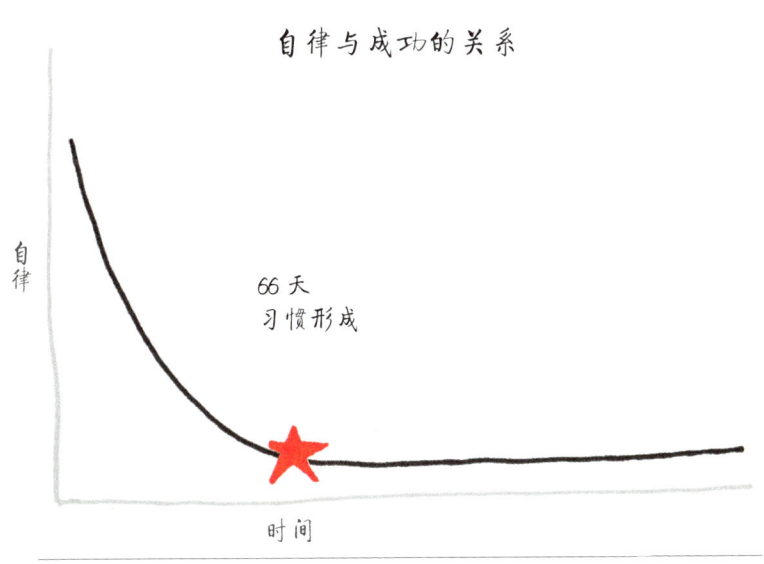

图7 当习惯逐渐养成,维持其所需的自律也就越来越少

个完美的平衡——较简单的习惯耗时较短，较困难的习惯耗时较长。自助小组通常鼓励人们 21 天完成一次转变，但现代科学研究表明这是不现实的。形成新习惯需要时间，所以别太早放弃。找到努力的方向，给自己足够的时间，动用所有的自制力去塑造它。

澳大利亚研究者梅甘·奥滕和郑肯发现了习惯养成过程中的光环效应。在实验过程中，养成好习惯的学生普遍反映压力较小，冲动性购物减少，饮食习惯更好，酒精、香烟、咖啡因的摄入量减少，看电视的频率降低，甚至攒着脏盘子不洗的情况也有了改善。动用自制力、保持好习惯不仅越来越容易，而且能够惠及生活的其他方面。这些学生不仅规律地从事着主要任务，其他方面也受益颇多。

建议

1. **不要试图成为一个完全自律的人**。养成一些有用的好习惯，并用自制力去强化这些习惯。

2. **一次养成一个习惯**。成功是循序渐进达成的，别指望一蹴而就。没有谁的意志力可以强大到一次养成好几个习惯。超级成功人士也不是超人，他们只是有选择性地努力养成了多个好习惯，一次只培养一个，循序渐进。

3. **耐心培养每个习惯**。你要持之以恒，直至习惯养成。养成一个习惯平均需要 66 天。一旦习惯养成，你就可以选择继续努力加固，或者再养成一个新习惯。

你本人就是你所做的事情的集合，如果你不断重复正确的行为，那么成功就不再只是一个动作，而是一个你亲手打造的习惯。控制好你的自制力，选对习惯，你无须向外索取，卓越的成就自会找上门来。

7 意志力触手可及

> 古希腊神话中的奥德赛明白意志力是靠不住的,所以当船驶经塞壬女妖的魅惑之地时,他让船员把他绑在了桅杆上。
>
> ——帕特里夏·科恩

你会故意给自己找麻烦吗?比如主动置身险境、往火坑里跳。当然不会,但很多人每天都会重复这种不明智的事。我们将成功和意志力强行捆绑在一起,无异于糊里糊涂地亲手把成功推开。真的不必如此。

"有志者事竟成"常被用来形容一个人的决心满满,但被它误导的人也不少。它读起来朗朗上口,很容易误导人。绝大部分人过分强调"志"的作用,误认为它是通向成功的必经之路。然而，正确地运用意志力远没那么简单，不是使用蛮力就可以做到的。一味投入个人能量可能会令你忽略一个重要元素——时机，这才是重中之重。

至今为止，我对意志力都不会过分依赖，否则它会迷惑我的双眼。能用意念控制行动实在是一个吸引人的想法，我们也可以训练这种能力。你确实能做到，它是一种原始的力量，一种意志的力量。

一切看起来很简单：具备钢铁般的毅力，成功就唾手可得。我也尝试步上正轨，不过刚走不远就停下来了。远方的目标难以攻下，正当我准备上战场时却突然惊觉：意志力不是随时都有的。前一刻我还信心十足，后一刻我就瞬间怯场；昨天毅力还不在，今天它又主动送上了门。它来去如风，根本不受我左右。把成功建立在个人毅力上的尝试没有成功。一开始，我质问自己是不是出了什么问题？是不是很失败？一定是的。我本以为自己毫无毅力，也无骨气，内心软弱。想通了这些之后，我越过了决心这道坎，付出了双倍的努力，总结出一条谦卑的经验：意志力不是触手可及的。我的毅力并不亚于动力，但它拒绝随时听从我的召唤。我对此很惊讶，本以为只要我一召唤它便唾手可得，我想错了。

<u>意志力触手可及只是一个谎言。</u>

人们都知道意志力很重要，但并不知道它对成功到底有多重要。一项特殊的调查向我们揭示了其重要性。

棉花糖实验

20 世纪 60 年代末 70 年代初，沃尔特·米歇尔的实验计划在斯坦福大学附属幼儿园逐步展开，测试对象都是 4 岁左右的儿童。这 500 多名儿童都是被父母自愿送来的，日后他们观看实验录像时也同其他人一起笑话镜头里那些扭怩不安的小鬼。这个可怕的实验被命名为"棉花糖实验"，用来测试孩子的意志力。这个方法可谓另辟蹊径。

研究人员给孩子们每人发一颗棉花糖，并且告诉孩子他要离开一会儿，如果 15 分钟后等他回来再吃这颗棉花糖，就可以再得到一颗棉花糖。那么，是现在享用一颗还是待会儿得到两颗？（米歇尔对实验很有信心，因为规则还没介绍完就有孩子耐不住性子开始吃了。）

研究人员离开，让孩子们自己待着，孩子们面前只有一颗不能吃的棉花糖。这些孩子为了转移自己的注意力，使出了浑身解数——有的闭眼不看，有的摆弄头发，有的转过身去，有的闻棉花糖香味，有的甚至轻轻抚摸棉花糖。平均来说，孩子们坚持的时间不到 3 分钟，只有 30% 的儿童坚持到了研究人员回来。很明显，孩子们在等待时备受折磨，他们的意志力是有限度的。

本来该实验并不指望通过孩子们在棉花糖测试中的表现来预测他们的未来，可是事物的内在联系总是存在的。米歇尔的三个女儿当年也就读于这所幼儿园。多年之后，当他问起女儿参加过实验的同学目前的表现时，他觉察到了这其中的联系——那些拿到第二颗棉花糖的孩子在未来的表现更优秀，实际上是优秀得多。

1981年，米歇尔开始正式追踪当年的实验对象。他收集他们的成绩单、个人履历，甚至邮寄了调查问卷。他的预感是正确的——意志力是成功的风向标。在接下来的30余年里，米歇尔和同事发表了一系列论文，探究"意志力强的人"为何收入更高。当年拿到第二颗棉花糖的赢家成了未来的领跑者，他们普遍成绩更好，大学入学考试比其他人平均高出210分，他们更相信自我价值，更善于处理压力。而"意志力薄弱的人"超重的概率则高出30%，他们更有可能产生药物依赖。所以，当母亲对你说"好事多磨"时，她可不是在开玩笑。

有效利用意志力至关重要，你应当把它上升到首要位置。不过，意志力不会随传随到，若要利用好它，首先要驯服它。俗话说得好，"早起的鸟儿有虫吃"，"晴带雨伞饱带干粮"。利用意志力也要把握好时机。一旦拥有了强大的意志力，你便拥有了机遇。意志力虽与性格息息相关，但驯服它的最好方法便是使用它。

意志力并非取之不尽用之不竭

你可以把意志力想象成手机上的剩余电量的指示条。每天早晨你都是充满电的。随着时间流逝，你也在不断使用你的电力，绿条减少一点儿，你的能量也减少一点儿，最后电力耗光、指示灯变红，你也就泄气了。意志力的电力是有限的，但你可以找到适当的时间重新充电。它是有限的可再生能源。正因为其能量有限，你每使用一次都将面临或赢或输的局面，所以当下应尽可能占尽先机，因为随着电力减少，下一秒你就可能一败涂地。白天你顶住了枪林弹雨，到晚上因意志薄弱一时贪嘴，就让减肥计划功亏一篑。

人人都知道要有计划地使用有限资源，却偏偏忘了把意志力纳入其中。我们总以为意志力取之不尽用之不竭，没有把它当成像食物、睡眠一样的个人资源来规划，如此一来，当我们真正需要它时，它可能已经耗光了。

斯坦福教授巴巴·什夫的研究证明了意志力确实会转瞬即逝。他将165名学生分为两组，让他们任意选择两位或者七位数字进行记忆。实验难度没有超过人类的平均认知能力，学生也可以自由选择记忆时间。之后，学生们会被邀请到另一个房间背出数字。实验过程中，研究人员会向学生发放零食，有一个巧克力蛋糕和一碗水果沙拉供其选择——一个是高热量的甜食，一个是健康食品。结果，背诵七位数字的学生选巧克力蛋糕的概率比水果沙拉高出近一倍。这说明，认知的工作量稍稍提高就会诱发人们不谨慎的抉择。

这其中暗含的深意令人不安：脑力越用越少。意志力好比一块剧烈抽动的肌肉，当它疲劳时就需要休整，而且它能量巨大却不持久。凯瑟琳·福斯于 2009 年在《预防》杂志上发表文章称："意志力就像车里的燃油……你每拒绝一次诱惑，就消耗一点儿。拒绝次数越多，燃油储备就越少，直到用光为止。"

我们的选择都是意志力的体现，此外，选择什么食物也同样反映了意志力的级别。

精神食粮

大脑重量占人体体重的 1/50，却要消耗人体 1/5 的能量。如果把身体视作一辆车，根据耗油量判断，它应该是一辆悍马汽车。大部分意识由前额叶皮质完成，它主要负责集中注意力、短时记忆、解决问题和控制冲动。也就是说，它是人类的核心，也是控制行为和意志力的总部。

有趣的是，我们的大脑内部遵循"后进先出"的原则。后组建的脑组织比先组建的经受更多。如果少吃一餐饭，管理呼吸、神经反射功能等老区域的脑组织将优先享有供血，几乎不受影响，但前额叶皮质却可以感知这个变化。没办法，新成员总要碰钉子。

现代研究成果向我们展示了这一点的重要性。2007 年，《个性与社会心理学期刊》详细介绍了 9 个关于营养和意志力影响的实验。研究人员给实验对象安排了两项任务，一项需动用意志力，一项不需要，待任务完成后再测量实验对象的血糖含量。动用意志力的受试者在完成任务后其血液中葡萄糖的含量急剧降低。后续实验则安排实验对象做完一个与意志力相关的任务后接着再做新任务，以观察两组人员的表现情况。在两项任务的间隙，为一组实验对象提供加纯糖的"酷爱"牌柠檬汁（太棒了），为另一组实验对象提供加代糖的柠檬汁（真扫兴）。结果，后一组的出错率是前一组的两倍。

研究证明，意志力是一种需要较长时间来恢复韧性的精神肌肉。你在一件事上用的意志力太多，不等它恢复就投入下一件事，那么表现就不会令人满意。想表现得更好，就得给大脑补充养料，来点儿"精神食粮"。你可以吃一些能缓慢升高血糖含量的食物，如碳水化合物、蛋白质等。正所谓"吃什么补什么"。

当意志力降低时

我们面临的最大问题之一是，一旦意志力降低，我们就会被打回原形。位于加利福尼亚州的斯坦福大学商学院的乔纳森·拉维夫连同以色列本古里安大学的利奥拉·阿夫男-佩索和沙伊·丹齐格深入研究了意志力对伊斯兰假释制度的作用，用别具一格的研究方式证明了上述观点。

此项研究涵盖了 1 112 个听证会，涉及 8 位法官，时间跨度达 10 个月（听证会数量恰好占该 10 个月假释申请总数的 40%）。法官每天的工作量相当大，每场辩论后他们都要花 6 分钟做出判决,而每天有14~35宗假释案等待处理。这样的工作日程对裁判结果的影响十分显著:早餐后假释通过率高达65%,但下午的假释通过率几乎为零(参见图8)。

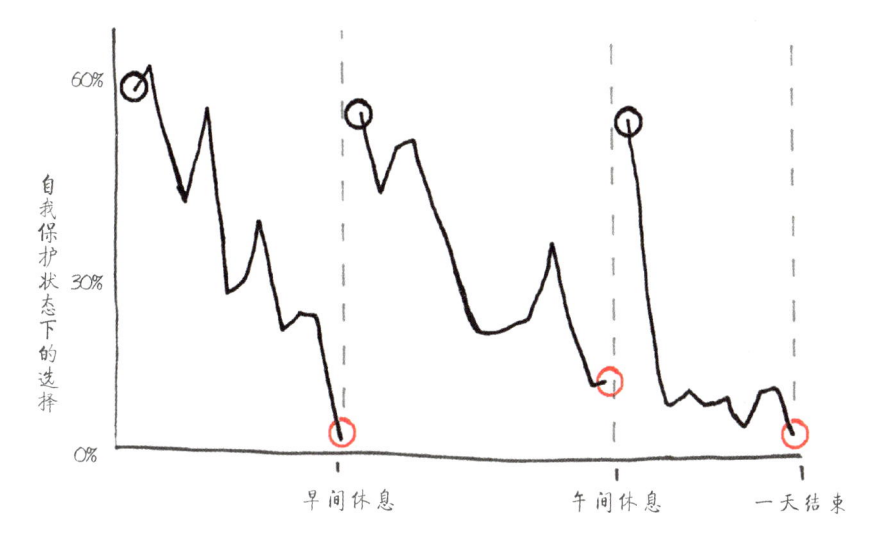

图8 正确的选择不仅仅依靠智慧和常识

产生这样的现象是由于法官不停重复相似的动作,从而导致身心俱疲。判决结果无论对犯人还是对公众都意义重大,法官做出决策时,一边冒着高风险,一边还需流水作业。当精力消耗到一定程度,体力支撑不住时,他们便开始陷入"默认选项",这对本有希望被保释的犯人来讲可不是一个好消息。法官的"默认选项"就是"拒绝保释"。这时,只要他们稍稍起疑,意志力降低,犯人们就得继续待在监狱里。

当心，你在意志力降低时也可能犯错。

意志力一旦耗尽，我们就自动进入了默认设置。那么，你的默认设置是什么？当你意志力薄弱的时候，你会选择胡萝卜还是薯条？你是继续专心工作，还是容易因为别的事而分心？当最重要的事情完成时，意志力就开始降低，这时默认设置会决定你的表现水平，结果通常都很平庸。

测测你的意志力

我们失去意志力是因为我们对它并不了解。意志力来去自如，你若意识不到这一点，就无法把握局势。不知珍惜利用，就只能坐视它流失，眼睁睁看着自己的愿景和蓝图付诸东流。

要知道，意志力的能量是有等级区别的。就像余电提示有红有绿，意志力也有可能成为抑制力。人们面临困难的时候往往充满抑制力，这无异于雪上加霜。意志力是有限的资源，我们必须有意识地进行储备。如果不能将它用在最重要的事情上，也不能及时为它充电，那么成功就会难于上青天。

如何运用意志力呢？我们应多思考，多观察，尊重它。趁意志力高涨时做最重要的事。换句话说，给它应得的时间。

哪些因素会消耗你的意志力

- 培养新习惯
- 考试

- 屏蔽干扰
- 抵制诱惑
- 压抑情感
- 抑制侵犯
- 防止冲动
- 尝试引起他人的注意
- 战胜恐惧
- 做不喜欢的事
- 在长期回报和短期利益之间做选择
- 选择长期或短期奖励

或许你都意识不到,我们的意志力每天都处在危险之中。在我们做决定、集中注意力、压制情感和冲动、为追求目标改变行为的过程中,意志力被消耗殆尽。这个过程像用尖冰在气管上挖了一个洞,用不了多久意志力就会漏得干干净净,而最重要的事还放在一边没有做。所以,就像其他有限资源一样,意志力是需要管理的。

谈及管理意志力,时机是最重要的,你需要保证在做最重要的事时意志力满格,分心的事最好别在这时找上门。剩下的时间你还需巩固成果,防止外界因素的破坏。如果你想让一天的收获达到峰值,那么就在意志力消亡之前向目标冲刺。自制力总会衰竭,趁它还在时应赶紧着手做最重要的事。

建议

1. **别让你的意志力太分散**。珍惜每天有限的意志力,找出最重要的事再充分利用。

2. **注意饮食**。若要意志力满格,首先要保证能量满格,别因为大脑供能不足就妥协。健康饮食，规律进餐。

3. 安排任务处理时间。在每天意志力最强的时候做最重要的事。意志力越强，成功越有保障。

不要和意志力作对。你应该根据它的习惯安排你的生活，而不是反其道而行之。意志力也许不是触手可及的，但当你把它用在紧要的事上时，它就是值得信赖的。

8 平衡工作与生活

事实上，平衡只是无稽之谈，它是一个遥不可及的梦想……我们想探求工作与生活之间的平衡，这番追求不仅无法实现，而且会带来伤害，具有破坏性。

——基思·H. 哈蒙兹

没有什么能达到绝对的平衡，从来都没有。生活中看似处于平衡状态的事物，无论多么不易察觉，其实都处在另一种状态——努力平衡中。尽管"平衡"多被误认为是名词，但实际上它总是以动词的形式存在；尽管我们将平衡当作终将达到的状态，但实际上，我们经常在调节平衡。"平衡的生活"是一个神话，它只是一个误导性的概念，但大多数人都接受了这个概念,并将之作为有价值并且可以实现的目标,没有人真正地停下来审视过这个概念。现在,我要你重新审视这个概念,我要你挑战这个概念,我要你摒弃这个概念。

<u>平衡的生活就是一个谎言。</u>

我们想象一切都能达到平衡,但它只是一种想象。在哲学里,"中庸"被用来描述事物两极之间的一种状态,这种状态比任何一端都更吸引人。这是一个宏伟的想法,理想、美妙,但并不可行。平衡其实并不存在。

这一点是难以想象的,而且很少有人会认同这样的看法,因为逝者生前忏悔时的感叹常常是"我需要更多的平衡",这句口头禅道出了许多人生命中的缺失。我们对"平衡"一词听到烂熟,便自然而然地将之作为追求的目标,但事实并非如此。目标、意义、重要性——这些都是成功生活的要素。可一旦我们追求成功时,生活就会失衡;当你致力于生活的首要目标时,便在追求平衡的道路上设置了障碍。将更多的时间投入生活中的重要事项,从而让自己过上充实的生活,这就是在努力地追求平衡。非凡的成就需要专注与时间,但专注在一件事上就意味着减少做其他事的时间,集中精力只做这一件事。因此,保持平衡将会很难。

神话的起源

纵观历史,让我们的生活保持平衡的考虑从来都是一种特权。

千百年来，工作就是生活。如果你不工作（打猎、种植农作物或饲养牲畜），你就无法生存下去。贾雷德·戴蒙德的著作《枪炮、病菌与钢铁》曾获普利策奖，他在书中展示了人类社会如何从余粮富有的农业社会转变为专业化分工的社会："12 000 年前，每个地球人都是狩猎者；现在，地球上除了农民，就是由农民养活的人。"种植或以农作物为食的自由选择给人们提供了成为学者或工匠的机会，有人负责准备餐桌上的食物，有人则负责制作餐桌。

起初，大多数人根据自己的需要和抱负去工作。只要马蹄铁都已经打好，铁匠就可以回家去了，不用在铺子里待到下午 5 点才离开。直到 19 世纪的工业化时代，才第一次出现了一大批人一起为其他人工作的情形，而后则有了血汗工厂主，以及工人们长年无休、夜以继日工作的情况。因此，平民运动在 20 世纪兴起，人们为保护工人权益、缩短工作时间而奋起抗争。

"工作与生活的平衡"一词出现于 20 世纪 80 年代中期，当时，一半以上的已婚妇女都参加了工作。拉尔夫·戈莫里在其 2005 年的著作《一起生活，两处工作：双职工家庭及其工作与生活的平衡》中这样写道："以前一个家庭中有一个人负责挣钱养家，另一个人专心做家务；现在则是两个人都在挣钱养家，没有人操持家务了。"不用想，你都知道这些家务一开始会落在谁的身上。然而，到了 20 世纪 90 年代，"工作与生活的平衡"迅速成为男性的口号。数据库 LexisNexis 对世界上前 100 名的报纸和杂志进行了调查，结果显示，关于这一主题的文章数量大幅上升，1986—1996 年这 10 年间只有 32 篇文章，而仅在 2007 年一年就高达 1 674 篇文章（参见图 9）。

"工作与生活的平衡"之神话的崛起

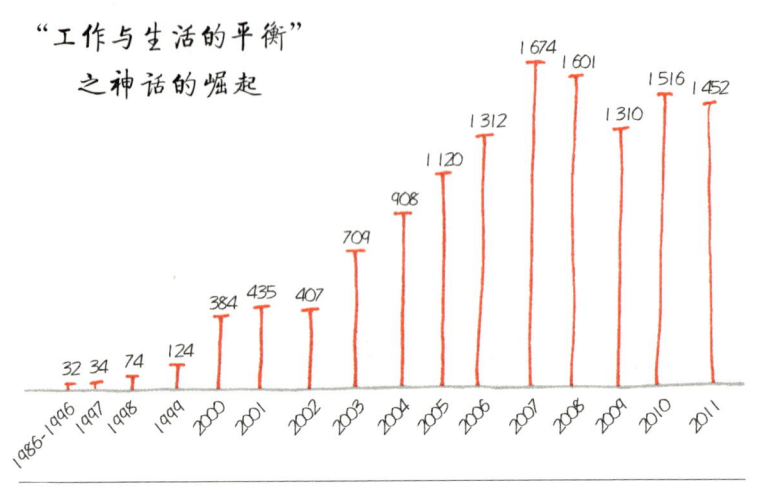

年份	篇数
1986-1996	32
1997	34
1998	74
1999	124
2000	384
2001	435
2002	407
2003	709
2004	908
2005	1 120
2006	1 312
2007	1 674
2008	1 601
2009	1 310
2010	1 516
2011	1 452

图 9 有关"工作与生活的平衡"的媒体文章数量在近年来呈激增趋势

因为与现实生活的挑战息息相关，"工作与生活的平衡"这一理念已经广为人知，并吸引了诸多关注。

平衡与失衡

人们对平衡的渴望其实不无道理。我们有充足的时间，每一件事都能按时完成，这多么吸引人啊！只是这么一想都能让我们感到宁静安谧，也许生活本就该如此。可是，事实并非如此。

若把平衡当作中间点的话，那么中间点以外则意味着失衡。

如果离中间点太远，就意味着你处在极端的状态。选择中庸会有一个问题，那就是无法为任何事情付出多余的时间。若想面面俱到，必然每件事都会打折扣，达不到预期的效果。

中庸有时是可取的，有时却不行。要懂得什么时候该选择中庸，什么时候要追求极致。究其本质，这便是智慧的真正开端。非凡的成就往往是在与时间的斗智斗勇中实现的。

"工作和生活"在中间点

图10 追求平衡的生活意味着无法在任何事情上追求极致

我们不应该追求平衡是因为奇迹不会在中间点上发生，奇迹只有在追求极致的过程中才会发生。可是追求极致必定会带来真刀真枪的挑战，我们当然明白成功总在平衡之外，却不知道该如何应对失衡的人生。

平衡工作与生活　　071

"工作和生活"在极致

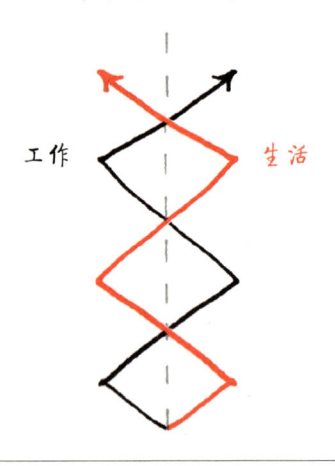

工作　　生活

图 11　追求极致也会带来一系列问题

超长的工作时间会影响到个人生活。如果笃信勤恳即是美德，我们就会对工作产生抱怨："我都没有自己的生活了。"其实很多时候，事实与之相反。即使工作的触角没有那么长，生活中也会有很多不得不去做的事情，这时我们也会感到挫败，感到没有自己的生活。俗话说，祸不单行。你若在工作和生活中都摆出较高的姿态，要求颇多，就会让人十分崩溃，那时我们更会哀号："我没有自己的生活！"

时间不等人

我的妻子曾给我讲过她的一位朋友的故事。朋友的母亲是教师，父亲是农民。他们为了保证退休后的正常生活和旅行而省吃俭用，处处精打细算。她至今仍清楚地记得，每个星期她和母亲一起买东西时都会去逛布料铺，挑一些布料。母亲说，以后退休了她就穿着这些布料做的衣服去旅行。

没想到，母亲没能等到这一天。她在退休前的一年得了癌症，不久便去世了。父亲觉得花这些钱心里很难受，因为那是两人一起攒的钱，母亲却再也不能跟他一起旅行了。父亲去世后，朋友去整理他们的房子，发现有一个柜子里放满了布料——父亲一直没有清理掉这些布料，他丢不掉。这些布料包含了太多的情义，仿佛衣柜里装的是那些未曾实现的沉甸甸的诺言。

时间从不等人。有的事情必须做到极致，因为等待也许会让你永远错过。

我认识一个非常成功的商人，他在几十年里，每天都工作得很晚，周末也常常加班。他一直觉得自己是在为家人而工作，他相信在未来的某一天，家人就可以享受他的劳动成果，把以前想做但没有做过的事情补上，从此快乐地生活下去。工作多年之后，他卖掉了公司，兴致勃勃地跟我讨论他以后的生活。我问他有何感受，他骄傲地说，现在他感觉非常棒。"以前我为工作付出了那么多，都没有时间回家，好好和家人在一起。所以，现在我要和他们去度假了，我会弥补以前缺失的时光。你看，我现在钱也有了，时间也有了，我们一定会把失去的找回来。"

但是，你觉得给孩子讲睡前故事、和孩子一起过生日的时光是可以弥补的吗？给 5 岁的孩子办派对，能跟十几岁的高中生聚餐玩乐一样吗？参加小孩子的橄榄球赛跟参加成年孩子的橄榄球赛是一样的吗？难道你可以跟上帝商量一下，让他把时间留住，等到你有空了再来弥补这些无可比拟的美好时光吗？

<u>当你和时间打赌时，你下的赌注也许是你无法偿还的</u>。即使你胜券在握，也要想想你能否承受得了失去的一切。

和时间玩游戏，一定会让你悔不当初。相信这种谎言会让你做不该做的事，停止做应该做的事，从而对你造成伤害。不能合适地调节生活和工作的关系，也许会成为最让你追悔莫及的一件事。你必须懂得，时间是不可逆转的。

那么，如果平衡是一个谎言，怎么做才是正确的？答案是：制衡。

若用"制衡"取代"平衡"，所有的事情就都说得通了。芭蕾舞演员就是一个很好的例子。芭蕾舞演员踮起脚尖起舞，轻盈地在空中跳跃，成为平衡和优雅的典范。但若是细心观看，你会发现她的舞鞋在快速移动，用微小的调整来保持平衡。由此可见，完美的制衡会给人以平衡的错觉。

制衡——短线制衡和长线制衡

我们说生活或工作失去平衡，通常是指我们觉得很重要的事情没有做好或是没有得到满足。当一个人专注于非常重要的事情时，总会有其他的事情无法顾及。不管你怎么努力，在每一天、每个星期、每个月、每一年甚至你的一生结束时，总会发现有些事情无法做完。试图完成所有的事情其实是相当愚蠢的。在最重要的事情没有做好之前，你总会觉得事情还没有结束——这就是失衡感。要取得非凡的成就，你就必须在一些事情上有所取舍，这时制衡就派上了用场。制衡的作用，就是在你走得太远之前把你拉回来，使你不至于迷失；在你呆滞时敲响警钟让你回过神来，毕竟时不我待。

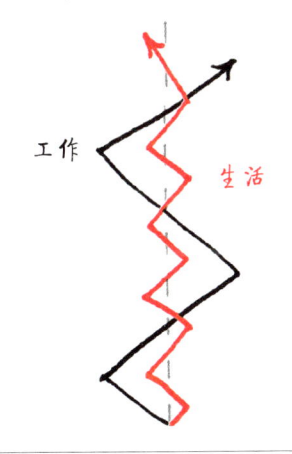

图 12　长时间的制衡能够帮你获得非凡的成就

人们的生活可能会因纠结于平衡而陷入困境。一项调查在观察了近 7 100 名英国公务员的生活达 11 年之久后，得出这样的结论：习惯性地长时间工作是致命的。调查显示，每天工作超过

11个小时（即每周工作超过55个小时）的人，患心脏病的概率比一般人高67%。因此，制衡不仅会让你觉得更舒适，更重要的是让你活得更健康。

制衡有两种类型：一种介于工作与个人生活之间，一种则存在于两者内部。取得事业成功的制胜法宝是时间上的无比专注和钻研，跟加班时间长短没有必然关系。<u>想要取得非凡的成就，你就必须在繁杂事物中去粗取精，选择最重要的事情，并为之付出足够的时间。</u>如此一来，你只会花零星的时间去应付其他事情，因此严重失衡将是不可避免的。至于个人生活，制衡的秘诀则是关注。关注你的心灵和身体，关注你的家人和朋友，关注你的个人需求——如果你想要幸福的生活，上述要素缺一不可。你既不能为了工作牺牲其中任何一项，也不能为了某一项而放弃其他要素。你可以将生活的重心在这些要素中快速地调整，同时兼顾不同的要素，但是不能长时间地对某一要素置之不理。我们的生活需要严格的制衡。

失去平衡并不是问题所在，真正的问题是："你需要短线调整还是长线调整？"在生活中，你应随时保持短线调整，避免长时间处于失衡状态。短线调整能够让你顾及所有重要的因素，不至于顾此失彼。在事业中，你需要长线调整。要记住：若要做出一番成就，你就会长期处于失衡的状态。长线调整能确保你专注于最重要的事，即使其代价是牺牲那些相比之下没那么重要的事情。在生活中，所有的要素一个都不能少，都需要顾及；而对于工作来说，取舍是常态。

詹姆斯·帕特森在其小说《苏珊日记》中对生活与事业的权衡及其重心做了一番巧妙的比喻："如果把生活想象成一场五球杂耍游戏，这五个球分别是工作、家庭、健康、朋友和诚信。你把球抛到空中，游戏就开始了。有一天，你会发现工作是一个橡皮球，如果掉到地上，它会弹回来；而其他的四个球——家庭、健康、朋友、诚信——都是玻璃做的，一旦掉了下来，就会磨损、破裂甚至摔个粉碎，到时再后悔已来不及了。"

生活是一个寻求平衡的过程

平衡的问题实际上涉及优先顺序。与其说我们在寻求平衡，不如说在选择事情的优先排序。这样一来，人们在看待诸多选择时就会豁然开朗，改变命运的大门也将随之大开。要想获得成功就需要将事情分出轻重缓急，并以此作为行动的指南。为重要的事情不懈努力的时候，你自然会打破平衡的状态，将时间的天平向它们倾斜。此时，你面对的挑战就不再是要不要走出平衡的状态，因为你必须打破平衡，现在的挑战是你要为重要的事情分配多长时间。你应该找到工作之外的优先事务，也要清楚哪件事是工作中的重中之重。在解决了工作中的首要事务后，你就可以从容地对付生活中的大事了，这样也不会影响工作。

因此，该工作的时候就好好工作，该玩的时候就尽情地去玩。生活就像走钢丝，如果你把轻重缓急搞混了，就会把事情搞砸。

建议

1. 想象一下一根扁担挑两桶水的情景。 把工作和个人生活放在两个不同的桶里——这不是为了将两者分离,而是要达到制衡。而且,工作与生活都有各自制衡的目标和方法。

2. 保持工作水桶的制衡。 把工作当作一门必须掌握的技术或学问,这样你就会花很多时间在这件事上,之后的每一天、每个星期、每个月甚至每年你都将处于失衡状态。

你可以将工作内容分成两部分:最重要的事和其他事。把那一件最重要的事做到极致,其他事情过得去就好——想要取得事业上的成功就必须这样做。

3. 保持生活水桶的制衡。 你要明白,生活是由很多内容组成的。若要拥有幸福的生活,则需要你付出一定的时间来用心经营。一旦忽视了生活细节,你就会尝到苦果。因此,你应保持关注,不能放松对制衡状态的把控,这样才能让你的生活充满活力。生活就该如此。

开启你的制衡模式吧,在生活中优先处理紧要之事,当你有余力时再处理其他事情。

可以说,精彩的生活就是制衡的生活。

9 大即不佳

> 我们无法达成目标,并不是因为受到了阻挠,而是因为我们明确了达成低目标的道路。
>
> ——罗伯特·贝劳特

无论是在民间传说还是歌谣里,大灰狼都很坏,魁梧的大个子约翰也很坏,这仿佛在暗示"大"和"坏"总是在一起的。这已经成为一个普遍的看法,因此许多人都认为它们是近义词,实则不然。"大"可以"坏","坏"也可以"大",但是它们不是一个词,意思也不一样,它们并没有内在的必然联系。

大机会当然比小机会好,但小

问题又比大问题好。有时候你想得到圣诞树下最大的礼物,有时候你却想得到最不起眼的小礼物。有时候你需要放肆地大笑或大哭一场,有时候你只会微微一笑或流下几滴眼泪。"大"和"坏"之间的联系并不比"小"和"好"更紧密。

可见,"大即不佳"这种说法是一个谎言。

这几乎是所有谎言中影响最坏的一个,因为如果你恐惧巨大的成功,你就会回避它或故意懈怠下来。

谁会害怕"大"和"坏"?

将大的东西和结果放置在同一间屋子里,很多人会犹豫,但也有很多人为之进取。提到"大"和"成就",他们的第一反应通常是艰难、复杂和耗时。他们认为,"大"的目标难以达成,而且一旦上手,情况就会很复杂。他们会感到压力巨大,令人生畏。因为种种原因,人们害怕因追求巨大的成功而带来的压力和焦虑。他们怕追求成功会夺走他们与家人好友相聚的时间,以及最终夺走他们的健康。他们不确定是不是应该有远大的理想,担心万一尝试并且失败之后会发生什么不幸的事。他们思考这些问题到头脑发涨,并且怀疑自己是否有"恐高症"。

这些有关"大"的观念甚至造成了一种"疾病",我们可以称其为"恐大症",即对大的东西过分恐惧。

当我们把"大"和"坏"联系在一起的时候,就会导致畏首畏尾的思考。降低目标能使我们感到安全，待在舒适区看上去是一种谨慎的做法。但是，其消极的一面也是显而易见的——当"大"被认为不好时，各类小事就霸占了我们的时间，因此远大的理想就永远见不到曙光。

显而易见的错误

有多少船只因为人们相信地球是平的而没有启航？人类无法在水下呼吸，无法在空中飞翔，无法进入太空探险——这些想象又在多大程度上造成了对人类进步的阻挠？以前，我们做出了大量的努力来估测我们的极限，得到的好消息是：科学不是猜测，而是一种进步的艺术。

你的生活也是。

没有人知道自己的极限在哪里。你可以在地图上明确地标注出边界线，但是如果我们把这种方法运用在生活里，边界线就不是很明显了。曾有人问我志存高远是否现实，我没有马上回答这个问题，而是反问他："我先问你一个问题，你知道你的极限在哪里吗？""我不知道。"他回答。所以，每个人都不知道自己在追求进步方面的极限在哪里，所以担心自己在浪费时间。如果有人告诉你，你永远无法超越某一水平，或者要求你达到一个你自认为永远无法超越的上限，你会怎么选择？选择低目标还是高目标？在这种情况之下，我们都会做出同样的选择——选择更大的目标。为什么？因为你不想给自己设限。

当你相信自己将成为一个有卓越成就的人，你就会用不同的眼光看待这个问题了。

在这种情况下，大目标为你思想上的飞跃提供了一种可能性，例如一名实习生想象自己参加董事会，或者是一个身无分文的移民想象自己成为一个商业大亨。这种大胆的设想可能会威胁到你的舒适区，但同时也让你相信自己能达成高远的目标。你将提出不同的问题，走上不寻常的人生之路，并且不断尝试新事物，继而释放出你体内的巨大潜能。

沙比尔·巴蒂亚抵达美国的时候，身上只揣了 250 美元，但他心怀伟大的计划和信念，相信自己能打造出一家比历史上任何企业发展得都快的企业。他做到了，他创建了互联网免费电子邮箱 Hotmail。微软公司见证了它的极速崛起，并最终以 4 亿美元的高价买下了 Hotmail。

据他的良师益友法鲁克·阿加尼说，沙比尔的成功得益于他志存高远："一个远大的梦想使沙比尔从无数企业家中脱颖而出。即使在他一无所有、没有足够的资金时，他仍确信自己将建成一个市值上亿美元的大公司。他对自己的信念从不懈怠，坚信自己不只是创建出一个普通的公司而已。但很久之后我才意识到，天啊，他可能真的要成功了。"

2011 年，Hotmail 成为全世界最成功的网络邮箱服务供应商之一，拥有 3.6 亿多名活跃用户。

朝着伟大梦想前进

志存高远对获得非凡的结果非常重要。因为取得成功要求有所行动,而采取行动需要你首先有想法。但关键问题是,那些成为成功之跳板的行动都始于远大的理想。了解了这个关联,你也就了解了志存高远的重要性。

每个人都拥有相同的时间,而且,你在工作时间中所做的事情决定了你能收获什么。你做的事情取决于你的思考,这样你的梦想就会成为一个发射台,它将决定你能取得多高的成就。

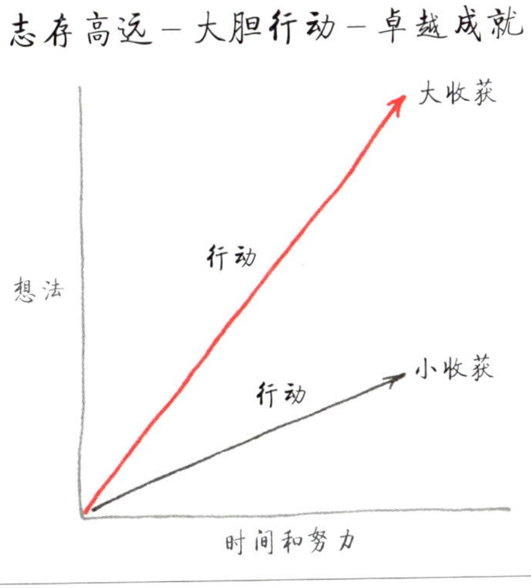

图 13 想法指导行动,行动决定收获

要知道,每一个成就都是由你的行动、行动的方式和你的合作伙伴共同决定的。问题在于,做什么、怎么做、和谁做共同决定了你所获得的成功的程度,而这种程度的成功并不会自然而然地发展成一种更好的组合,并促进下一阶段的成功。某种做事的方式未必能为美好的未来打下基础,和一个人的良好关系也不能自动成为与另一个人保持良好关系的基础。非常不幸,但事实就是这样。如果你学着用一种方式做事,并且掌握了一套人际关系体系,这些因素都会发挥良好作用。但是,当你想获得更好的成绩时,这些方法就都失效了。到那时,你会发现你已经给自己设立了一个人为的"天花板",并且难以突破。实际上,你本可以用一个简单的方法来避免这种情况,但你把自己困住了。尽可能地为自己设立远大的理想,为实现更高的目标而规划做什么、怎么做以及和谁做。若要突破这种思维的巨型"盒子",你可能要花费毕生精力才能梦想成真。

当人们谈到"重建"自己的职业生涯时,小"盒子"往往是其深刻的根源。你现在获得的成功将使你更强大,或者会让你受到限制。它要么成为你下一阶段成功的基础,要么就会将你困入其中。

志存高远会给你提供最佳的机会,让你取得非凡的成果。当阿瑟·吉尼斯开办了自己的第一家酿酒厂时,他签了一个长达9 000年的租约。当 J. K. 罗琳酝酿哈利·波特的系列故事时,她雄心勃勃,甚至在她写下第一本时就设想了主人公在霍格沃茨7年后发生的一切。山姆·沃尔顿的第一家沃尔玛超市开业时,他就把自己的生意想象得很大——他认为自己需要不断前进,并设你的"盒子"有多大？

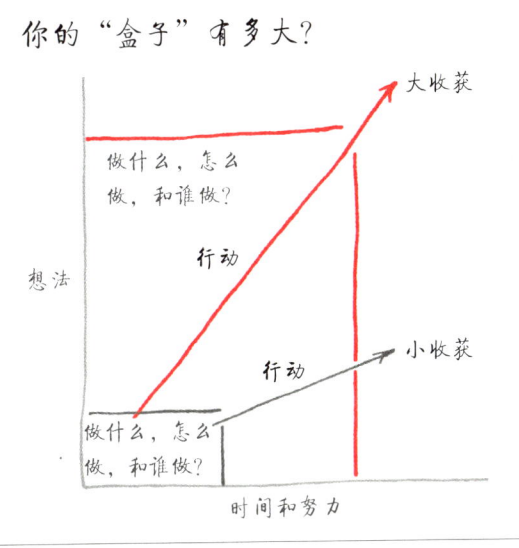

图 14　构建你的想法，选择你的收获

计了未来的房产规划，从而使遗产税最小化。因为志存高远，早在沃尔顿把生意做大之前，他就为家里省下了 110 亿 ~130 亿美元的遗产税。要使最伟大的公司完成财富转移，并且尽可能地避税，就要从一开始就有大局观，并做好规划。

志存高远不仅能运用在商业上。坎达丝·莱特纳的女儿在一场醉驾车祸事故中丧生，肇事司机事后逃逸，于是她于 1980 年创建了反醉驾母亲协会（Mothers Against Drunk Driving）。现在，此协会已经挽救了 30 多万人的生命。瑞安·赫雷利亚茨 1998 年时才 6 岁，他听了老师讲的有关非洲的故事后备受鼓舞，并开始运送纯净水到非洲。如今，他创建的基金会"瑞安的井"已大大改善了非洲的饮用水条件，并将纯净水运到 16 个国家超过 75 万人

> 梯子上的横亦并不是用来休息的，只是为了在一只脚迈向更高一格时，另一只脚可以落一下脚。
>
> ——托马斯·亨利·赫胥黎

的手中。德莱克·凯欧尼欧意识到酒店里每天更换新肥皂这一浪费行为的隐藏价值，于是他在2009年创立了"全球肥皂计划"，该项计划已经向21个国家提供了25万块肥皂，通过鼓励穷人洗手来降低儿童的死亡率。

提出大的问题可能让人望而生畏，伟大的目标起初看起来都无法企及。然而，又有多少次，当你开始着手做某事，起初似乎费尽力气，最后你却发现它比你想象的要容易得多？有时候，事情比我们想象的更简单，而有时候又确实困难得多。因此，你要意识到在成就高远目标的旅途中，你将被历练得更为强大。强大要求成长，当你成长了，也就强大了！看上去不可翻越的高山，当你站在山顶时就发现它可能只是一个小山丘——按照你的能力来看是如此。你的思维、你的技能、你的人际关系、你对于未来的追求以及要付出的代价都将在这次伟大的旅途中得到发展。

当你经历了伟大，你就会变得伟大。

事关重大

斯坦福大学心理学家卡罗尔·德韦克花了40多年时间研究自我概念如何影响人们的行为，她的研究深刻地揭示了志存高远的意义。

在对儿童的研究过程中，德韦克发现了两种行为思维模式：一种是发展模式，这样的人通常眼光长远，追求进步；另一种是固定模式，这样的人会设定人为的限制来避免失败。德韦克称，和拥有固定模式的儿童比起来，拥有发展模式的儿童能够更好地掌握学习方法，他们很少感到无助，并会做出更积极的努力，在课堂上学到更多知识。他们不给自己设限，而且更有可能发掘出自己的潜力。德韦克指出，思维模式能够而且确实在改变我们的人生。和其他习惯一样，你也能够改变你的思维模式，直到将正确的模式培养成习惯。

当斯科特·福斯特开始招贤纳士、组建新团队的时候，他警告说，参加绝密项目将让你有很多机会去犯错、去奋斗，但是我们最终会做出一些值得在下半辈子回忆的事情。他把目光投在了全公司的耀眼新星的身上，但是只选择了那些能够立即应对挑战的人。他一直在寻找以发展的眼光看问题的人，这也是他阅读了德韦克的书之后认可的观点。为什么这一点意义重大？也许你从未听说过福斯特，但你肯定知道他组建的团队——福斯特是苹果公司的资深副总裁，正是他组建的团队发明了苹果手机。

给生活打气

着眼大局意味着成功以及非凡的成果。追求一种拥有大局观的生活,就意味着你可能拥有最好的生活。为此,你必须从大局出发思考问题,相信自己将拥有成功与幸福。你要坚信,只要人生不设限,成就和富足终会到来。

你不要畏惧志存高远,而是要恐惧平庸、恐惧浪费、恐惧没有全力以赴地活过。当我们不能够志存高远,我们就会有意无意地抗拒远大的理想,我们会朝着较小的目标前进,或者错过更大的机遇。如果勇气不代表无所畏惧,而是超越畏惧,那么志存高远就意味着一个人并非没有疑惑,而是能够超越疑惑。只有在这样的氛围下生活,你才能感受到真正的生活,才能发掘自己的潜力。

建议

1. 志存高远。停止追问自己:"接下来我要做什么?"这至多是取得成功的慢车道,甚至会导致偏离成功的道路。你要问自己更宏大的问题。一条很棒的经验法则,就是在你生活中的每一处都双倍下注。如果你的目标是10,那么就要问自己:"我怎样才能达到20?"为自己制定一个远超过自己期待的目标,那么你将做出能保障你原本目标的计划。

2. 不要按照菜单点菜。苹果公司在1997年拍摄了一个广告——"非同凡'想'",其中有很多著名人物,例如拳王阿里、鲍勃·迪伦、爱因斯坦、希区柯克、毕加索、甘地,以及其他一些名人。他们都从不同的角度看待问题,从而改变了这个世界。

重点在于他们从不选择已提供的选项，而是创造出了史无前例的结果。正如该广告提醒我们的一样："有些人非常疯狂，认为自己能够改变这个世界，他们也确实做到了。"

3. **大胆行动**。没有大胆的行动，伟大的设想就不会有任何结果。一旦你提出了一个大问题，就要停下来想象一下：如果找不到答案，生活会是什么样？你可以向那些已经找到答案的人学习，看看他们的模式、体系、习惯和人际关系是怎样的。我们都认为自己是与众不同的，因此那些对别人有用的因素通常也适用于我们。

4. **不要恐惧失败**。恐惧是通向成功的必经之路。拥有发展的思维模式，不要担心你的未来。非凡的成就不仅建立在非凡的成功之上，它们也建立在失败之上。更准确地说，成功必然要建立在失败之上。失败时，我们就会停下来，问问自己需要做什么才能取得成功。你要在错误中不断学习，不断成长。不要害怕失败，你应将失败看作学习过程中的一部分，坚持不懈地为发掘自己的真正潜力而奋斗。

不要让那些狭隘的思维限制了人生。从大局思考，志存高远，大胆行动，然后看看你是否能改变生活的格局。

PART 2

第二部分
真理
提高效率的极简之道

> 不要轻易对这个世界下定论，因为它就是你所看到的样子。
>
> ——埃里希·海勒

放手

多年来，我一直想要成功；我在这个谎言里，苦苦挣扎。

刚开始工作的时候，我把所有事情都看得同等重要，所以我花了很大的精力想把它们都做好，结果却令我相当沮丧。后来，我甚至怀疑自己是否真的具备获得成功所需要的自制力和决心。我的生活渐渐失去了平衡，我也开始思考，成为一个成功人士也许不是一件好事。当你试图获得某样不可能获得的东西时，你会变得心灰意冷。

那时的我就处于这样的状态之中。

为了让一切都好起来，我只好加倍努力。你也许会说，我在通向成功的道路上艰难前行。没错，我觉得人活一辈子也不过如此——咬紧牙关、握紧拳头、挺胸收腹、屏住呼吸。当我活在成功的谎言里时，当我集中注意力或是感到压力很大时，就会有前面的那些感觉。这种方法确实奏效，不过我也因此进了医院。

与此同时，我认为自己的言谈举止、走路甚至穿衣打扮，都要像一个成功人士。我不是赢家，但为了获得成功，任何方法我都愿意尝试。曾有人说："你的行为举止必须和你想要成为的那种人一样。"对于这一点，我深信不疑。这个方法也奏效了，但尝试了一阵子之后，我却开始对"伪装成功"感到厌倦。

我是这样做的：凌晨起床，听一些励志型的音乐使自己清醒过来，然后早早出门。我简直走火入魔了——当整个城市还在沉睡的时候，我已经开车来到了办公室，开始一天的工作。我相信，若想成功，就要这么拼命工作。我会在早上7点半召开员工会议；7点31分，我会关上会议室的门，把迟到者锁在门外。我做过头了，我以为这是获得成功的唯一途径，也是让别人获得成功的方式。这个方法虽然奏效，但是到最后，不仅我自己筋疲力尽，而且把别人也逼得太紧，我的世界面临着崩溃。

那时候，我真的认为成功的秘诀就是每天都尽最大可能给自己上紧发条，然后打开房门，冲向新的一天——直到把自己烧成了灰烬。

这一切都让我领悟到了什么呢？的确，它们带给了我成功，但也让我对成功感到厌恶。

我后来又是怎么做的呢？我放弃了谎言，默默地来到成功人士中间，反对那些所谓的"成功鸡汤"之类的技巧。

首先，我不再咬紧牙关、握紧拳头、挺胸收腹、屏住呼吸，我开始倾听自己的身体，放慢节奏，使自己冷静下来。然后，我穿着 T 恤衫和牛仔裤上班，鼓励所有人对我的穿着做出评价。我不再说成功人士的那套话，不再以胜者的姿态待人，只是做我自己。我和家人一起吃早饭，我开始健身，并且保持着健康的精神状态。最后，我做得越来越少，真的很少，而且是故意这么做的。我比以前轻松多了，前面的路变得更宽阔了，我又能自由呼吸了。我向成功的思维定式发出挑战，结果是我变得更成功了——这完全是我不曾想到的，我感觉生活比以往任何时候都美好。

我发现：我们想得太多，计划得太多，对工作和生活都分析得太细。结果，投入大量的时间既无效果，也不利于健康。我们所做的这一切其实和成功关系不大。我们不懂得管理时间，实际上成功的关键并不在于我们做的所有事，而在于我们能够做好关键的几件事。

我终于明白了成功的定义，那就是在你的生命中，如果你能诚实地说，"我目前所处的位置就是我应该达到的地方，我正在做我应该做的事情"，那么你的生命将充满无限的可能性。

最重要的是，我明白了，成功的关键就是"一生只做一件事"这个简单真理。

10 关键问题

> 抛开琐碎的事情，把注意力集中在关键问题上，要做到这一点是需要技巧的。但你只要足够勇敢，敢于尝试不同的方法，就能做到。
>
> ——乔治·安德斯

1885 年 6 月 23 日，在宾夕法尼亚州匹兹堡的一个小镇上，安德鲁·卡内基给库里商学院的学生做了一番演讲。当时他处于事业巅峰，卡内基钢铁公司成为世界上利润最高的工业型企业，卡内基也成为有史以来仅次于石油大亨洛克菲勒的大富翁。他那次演讲的主题是"通向商业成功之路"。卡内基谈了他如何成为一个成功商人，并给学生们提出了这样的建议：

在这里，我想告诉你们获得成功的黄金法则，那就是把你的精力、思想和本钱全部集中在你所做的事情上面。瞄准一个目标前进，并下定决心为了实现那个目标而拼到底——慢慢靠近它，逐步取得进步，努力获得最好的装备，并充分了解它。有些人失败了，是因为他们把本钱花在了不同的事情上，这也就意味着他们的注意力被分散了。"别把所有的鸡蛋都放在一个篮子里"，这句话其实是错误的。我的建议是，你必须把所有的鸡蛋都放在同一个篮子里，然后看好那个篮子。观察周围，留意一下，你会发现，这样做的人通常都会成功。这个做法其实很简单。在美国，很多人失败其实是因为他们同时在手里提了很多个篮子。

那么，你如何判断该提哪个篮子，不该提哪个篮子呢？这也就是我们所说的关键问题。

马克·吐温很赞同卡内基关于"只提一个篮子"的说法，他是这样说的：

> 超过别人的秘诀在于开始行动。怎样开始呢？要把复杂而浩大的工程分解成小的、能够处理的事情，然后选准其中一件事下手。

看到这里，你肯定会问："怎样才能知道从哪里下手呢？"当然要从关键问题下手。

卡内基和马克·吐温都认为他们的建议就是成功"秘诀"，但我认为，与其说这是秘诀，不如说是人们都知道但从来不予以重视的道理。

老子曰："千里之行，始于足下。"很多人从没有停下来想想，如果你一开始就把方向搞错了，那么最后到达的地方可能离目的地相差甚远。因此，专注于关键问题，你就不会迈错第一步了。

生活本身就是一个问题

你也许会问："为什么我们要在问题上花心思？答案才是我们所关心的啊！"道理很简单：答案源于问题，<u>任何答案的质量都是直接由问题的质量决定的</u>。问题问错了，得到的答案肯定也是错的；只有问对了问题，才会得到正确的答案。如果你提出的问题非常有深度，那么得到的答案将改变你的一生。

伏尔泰曾经写道："判断一个人，要从他提出的问题而不是给出的答案出发。"培根也曾说："谨慎的问题里有一半是智慧。"甘地认为："人类在任何方面的进步都是基于问题的力量。"提出好的问题是获得好的答案的最佳途径。每一个发明者和探索者都是在一个具有重大意义的问题的指引下开始其探索的征程，科学家也会以假设的方式对宇宙提出问题。2 000多年前，苏格拉底开创了通过提问来教育他人的方法。今天，从幼儿园到哈佛大学法学院，人们仍在使用这种方法。问题会激发我们辩证思维的能力。研究表明，提问在改进学习和课堂表现方面所起的作用，比非提问式的学习方法高出50%。作家南希·威利亚在她的书中写道："有时候，问题比答案更重要。"现在，你应该认为南希的话很有道理了吧。

刚开始领悟到问题的重要性的时候，我还年轻。那时，我读到了一首诗，这首诗深深地影响了我，并一直陪伴我至今。

我的工资

J. B. 利登豪斯

我为了一分钱跟生命讨价还价，
而生命却不肯多付我这一分钱。
我在晚上乞讨，
边乞讨边数着自己微薄的积蓄。

生活是你的老板，
你跟他谈工资，他付给你薪水。
可工资一旦定下来，
你就要干好老板交代的活儿。

我的老板是个小气鬼。
最后，我难过地发现，
其实，无论我想要多高的工资，
他都会欣然接受。

诗的最后两行值得细细品味:"其实,无论我想要多高的工资,他都会欣然接受。"我意识到,生活本身就是一个问题,如何生活就是这个问题的答案。领悟到这个道理的那一刻是我一生中最有收获的一个瞬间之一。我们如何对自己提出问题,决定了我们未来将如何生活的答案。

关键在于怎样提出正确的问题。我们并不能按图索骥或者按照相关指示来获得自己想要的东西,因此提出正确的问题并非易事。我们必须保持冷静的头脑,设想人生的旅途中会发生什么,然后画一张地图,制作一个罗盘。要想获得答案,我们首先要问对问题,在这方面我们有绝对的自主权。那么,怎样才能问对问题呢?怎样才能通过不同寻常的问题找到不同寻常的答案呢?

你需要问问自己:关键的问题到底是什么?

任何梦想成功的人最后都会发现,要达到这个目的,必须以不平凡的方式来生活,除此之外,别无他法。"找到关键问题"就是这里讲的方法。在这个世界上,没有人会告诉你应该怎么做,而关键问题会帮助你找到最佳答案,让你通过这个答案获得最理想的结果。

我做了哪件最重要的事,才让生活变得更简单或是让其他的事都不再必要了?

大局

最重要的事是什么？

焦点

目前最重要的事是什么？

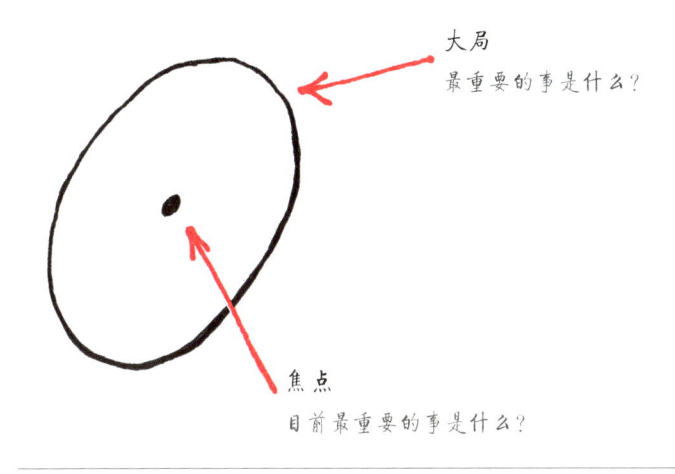

图 15　关键问题是大局和当前焦点的结合

关键问题看似简单，但由于很多人不重视它，它的重要性就被忽视了。这也是很多人都会犯的错误。关键问题会帮你搞清楚人生大方向，比如，我要往哪里走，我的目标是什么。除此之外，它还能提醒你关注细节，比如：我此刻应该做什么才能认清大局？我的目标在哪里？考虑了这些问题，你就知道该抓哪个关键问题了，也就是该提哪只篮子。同时，你也会明白第一步该怎么走。你会发现生活之大，而你要经过的那段旅程又是那么短暂。由此可见，关键问题既能让你看清大局，又能帮助你决定下一步该往哪里走。

伟大的结果往往不是出于偶然，它基于我们做出的选择和采取的行动。关键问题会帮你做出最明智的选择并采取最有效的行动，它要求你做的每一件事都要围绕着你的终极目标。它会忽略方便易行的事情，从而集中在必须要做的那一件事上。

此时，你到达了第一张多米诺骨牌的位置。

若想拥有最美好的一天、一个月、一年或者最令人满意的职业生涯，你必须不断地问自己："我的关键问题是什么？"只有一遍遍地问自己，你才会慢慢地按照每件事的重要程度来安排你的生活。每当你思考当前的关键问题时，你就会知道下一步该做什么了。这个方法的好处在于帮助你有条不紊地逐一处理待办事项。当你完成了正确的任务，就意味着你打造了正确的思维模式；技巧用对了，每件事之间的关系也就厘清了。在关键问题的指引下，你将朝着正确的方向前进，如此一来，你就会领略到多米诺骨牌的神奇之处了。

问题解剖

关键问题将所有问题都归纳为一个问题："我能做的最重要的事是什么？为何做了这件事就会让其他事都变得更简单或是不必要了呢？"

第一部分："我能做的最重要的事是什么？"

这个问题激发你去行动。"最重要的事"就意味着答案是一件事，而不是很多事，你必须想着某件具体的事。尽管你可能有很多选择，但你要做出判断，否则你就无法继续去做第二件事、第三件事。你必须做出选择，而且只能选择一件最重要的事。

"能做"这个词其实是告诉你要采取可能的行动。人们常常把这个词换成"必须做"、"可能做"或者"将会做"，这些词其实都不对。

有很多事我们必须做、可能做、将会做，但却永远不去做。你因为"能做"而去做，这种力量比意念上的"想做"要大得多。

> 你必须做、可能做、将会做的事都要靠边站，你真正做的事才最重要。
>
> ——谢尔·希尔弗斯坦

第二部分："做了这件事就会……"这其实是在告诉你，你的答案必须达到一个标准。

这个标准让你从"随便找件事做"转化为"为了某个明确的目标而去做某件事"。"做了这件事就会……"告诉你，你必须深挖下去，因为做了这一件事之后，就会有另一件事随之发生。

第三部分："……让其他事变得更简单或是不必要了。"

阿基米德说过："给我一个支点，我就能撬动地球。"这部分说的就是你必须找到这样一个支点。"其他事都会变得更简单或者不必要了"，这是你寻找支点并且撬动地球的最终目标，那时你就会找到第一张多米诺骨牌。做了这件事之后，你就会发现为了实现目标而要做的其他事其实少花点儿力气就可以做成，或者压根儿没有必要去做。只要在一开始找对方向，你会发现很多事情其实根本没有必要去做。就像给自己戴上了眼罩一样，你应该对琐碎的事情"视而不见"，这样，你才有可能改变你的生活轨迹，心无杂念地去做那件最重要的事。

若要抓住关键问题，你就必须找到第一张多米诺骨牌，然后把心思全都花在这件事上，直到你推翻了第一张牌。之后，会出现两种情况：一种是其他的牌就在这张牌后面，另一种是其他牌正准备或是已经倒下了。

建议

1. **问题提得好，才能得到正确的答案。** 关键问题是引导你找到正确答案的那个问题。有了它，你就会在工作上、业务上，或者其他任何你想获得成功的事情上取得突破。

2. **关键问题包括两个方面：大局及焦点。** 大局观会帮助你找到正确的方向，而焦点则能指引你采取正确的行动。

3. **关于大局的问题："我要做的那件最重要的事是什么？"** 你可以通过这个问题来指引你未来的生活和事业。这个问题就像指南针一样，帮助你找到方向继而弄清楚自己究竟想要什么，想为他人及社会做出什么贡献。它将教会你正确地处理和朋友、家人以及同事的关系，确保你所采取的行动是正确的。

4. **关于焦点问题："我现在要做的那件最重要的事是什么？"** 任何时候你都可以问自己这个问题，这样你就会把注意力集中在最重要的那件事上面，从而找到支点，也就是第一张多米诺骨牌。把焦点问题想清楚，这样不管多么复杂的工作，你都能应对自如。同样的方法也适用于你的生活，你将知道自己最需要做的是什么，以及哪些人才是你生命中最重要的人。

找准了关键问题，才有可能获得好的结果。在这个过程中，你其实是在规划自己的工作和生活，思考如何在最重要的事情上取得最大的进步。

不管你想得到的答案是大还是小，关键问题都是帮助你获得成功的诀窍。

11 成功的习惯

> 成功其实很简单。你只要在正确的时间,用正确的方法,做正确的事情。
>
> ——阿诺德·H.格拉索

大家都知道习惯是怎么回事。打破习惯是很困难的,习惯的养成也很困难,但我们每时每刻都会在无意间养成新的习惯。当我们开始用一种方法来思考或行动,并且把这个方法沿用下去时,我们就是在养成一个习惯。是否要养成某个习惯,并通过这个习惯帮助我们获得自己想要的东西,对此我们必须做出选择。如果我们选择是,那么聚焦问题就是我们能够拥有的最强大的成功习惯。

对我来说，寻找关键问题是一种生活方式。在我找到了这个问题之后，也就明确了最重要的事是什么，从而能够充分利用时间，获得最大的收益。只要某件事的结果很重要，我就会问自己，关键问题是什么。我早上醒来的时候、上班的时候、下班回到家的时候，都会问自己："当我做了哪件最重要的事之后，其他的事就会变得更简单或者不必要了？"我得到答案之后，还会继续问这个问题，直到我把每件事之间的关系厘清，直到我看到所有的多米诺骨牌都立起来了。

你要是把可能做的每件事的每个细节都想清楚，那肯定会把自己给逼疯的。我不会这么做，你也不用这么做。从大事着手，看看你做完之后走到哪一步了。时间一长，你就会找到感觉，知道什么时候该考虑大局，什么时候该关注焦点问题。

我能够取得现在的成就，过上富足的生活，关键问题在其中起到了重要的作用。我并非在所有的事情上都会考虑关键问题，但在相对重要的方面（比如精神生活、健康状况、私人生活、重要的圈子、工作、生意和财富），我都会努力找准关键问题。我也是按照前面的顺序一件件处理的，每一件"最重要的事"都是下一件事的基础。

我想过上有意义的生活，因此在生命的每个阶段，我都抓最重要的事情来做。我把这些事看成我整个人生的基石，当我在做这些最重要的事情时，我都能感受到自己在朝最终目标全速前进。

成功的习惯

因此，关键问题会在人生中的不同阶段引领你找到你最重要的那件事。在不同的时期，你只需要转移自己的注意力，重新思考关键问题到底是什么。你可以画一个时间框架图，标清现在要做的事以及今年要做的事，以此判断每件事的轻重缓急。你也可以计划 5 年内或具体某一时期内要做的事情，以便有一个大致的规划，让自己对准目标前进。

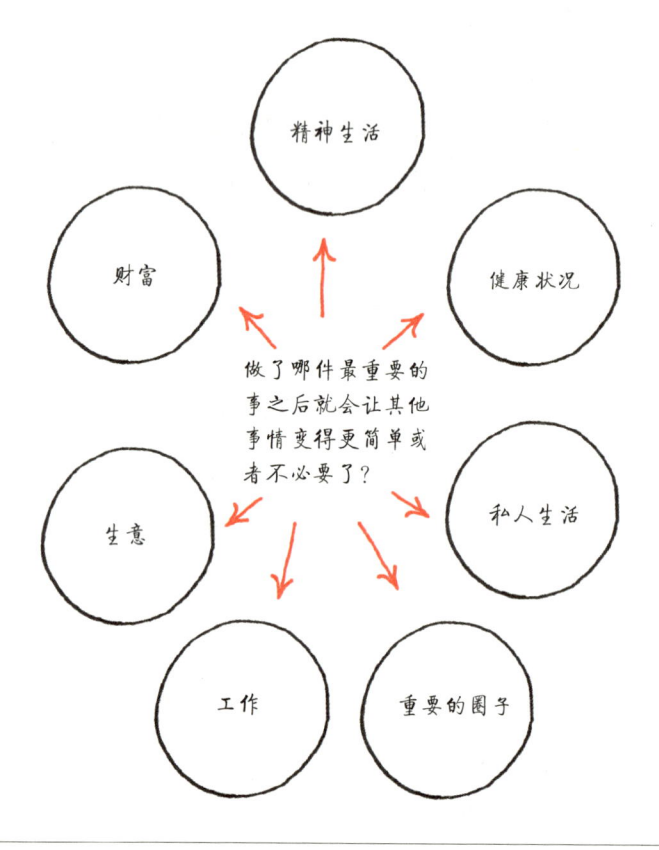

图16 我的生活和我认为的生活中最重要的几个方面

你要好好思考其中的几个关键问题。首先，想好归类，然后再提问题，给每个问题都框定一个时间，最后还要加上"做了这件最重要的事之后就会让其他事情都变得更简单或不必要了"。比如，"在工作上，我做了哪件事之后就可以实现本周的目标，并且让其他事都变得更简单或不必要了？"

我的精神生活……

- 我做了哪件最重要的事，才能帮助别人？
- 我做了哪件最重要的事，才能变得更虔诚？

我的身体……

- 我做了哪件最重要的事，才能达到饮食的均衡？
- 我做了哪件最重要的事，才能让自己坚持锻炼？
- 我做了哪件最重要的事，才能释放压力？

我的私生活……

- 我做了哪件最重要的事，才能提高某方面的能力？
- 我做了哪件最重要的事，才能腾出时间做某事？

我的重要圈子……

- 我做了哪件最重要的事，才能改善我和另一半的关系？
- 我做了哪件最重要的事，才能提高孩子的学习成绩？

- 我做了哪件最重要的事，才能表达对父母的感激之情？
- 我做了哪件最重要的事，才能让家人变得更加坚强？

我的工作……

- 我做了哪件最重要的事，才能保证自己能够实现目标？
- 我做了哪件最重要的事，才能提高自己的能力？
- 我做了哪件最重要的事，才能帮助整个团队获得成功？
- 我做了哪件最重要的事，才能使我的事业更上一层楼？

我的生意……

- 我做了哪件最重要的事，才能增强竞争力？
- 我做了哪件最重要的事，才能提高产品的质量？
- 我做了哪件最重要的事，才能增加利润？
- 我做了哪件最重要的事，才能提高客户的满意度？

我的财富……

- 我做了哪件最重要的事，才能增加我的净资产？
- 我做了哪件最重要的事，才能增加投资中的流动资金？
- 我做了哪件最重要的事，才能还清信用卡账单？

建议

那么，如何让"那件最重要的事"成为你日常生活

的一部分呢？怎样把那件最重要的事做好，以确保你在工作上和工作以外的其他方面都能取得令你满意的结果呢？我从自己的经验以及和别人共事的过程中得出了一些结论：

1. **理解并且坚信你要做的那件最重要的事。**第一步是要理解那件事是什么。要相信做好那件最重要的事，你的人生就会因此发生改变。如果你既不理解，也不相信，你也就不会采取行动。

2. **把那件最重要的事利用起来。**问问自己关键问题是什么。每天早上醒来问自己："今天，我做了哪件最重要的事之后就会让其他事变得更简单或不必要了？"你问了自己这个问题之后，就会清楚该往哪里走了。如此一来，你做事的效率会提高，你的生活也会变得更轻松。

3. **每天问自己"要做哪件最重要的事"，并把它变成习惯。**当你把这件事变成习惯时，你就会把它的所有潜能都激发出来，帮助你获得成功。研究表明，这个过程大约会持续 66 天。不管你需要几个星期还是几个月来养成这个习惯，你都要坚持下来，直到它成为你生活的一部分，从而改变你的生活。如果你对此不够重视的话，这就说明你并不是那么想成功。

4. **不断地提醒自己。**找一些方法提醒自己，思考关键问题是什么。最好的方法是在你工作的地方写个字条："在最重要的事面前，其他事都不重要。"把笔记本、电脑屏保、日历提醒都利用起来，帮助自己养成好习惯。你可以写上："完成了最重要的事就等于获得了令人满意的结果",或者"这个习惯会帮助我实现目标"。

5. 寻求支持。研究表明,你身边的人对你的影响非常大。和同事组成成功互助小组,这样你每天都可以从他们身上获得灵感。让你的家人也加入,和他们分享你做的"那件最重要的事"。让他们认识到,找到"最重要的事"这个习惯可以帮助他们提高效率,取得各方面的突破。

找到最重要的那件事,也是很多好习惯的基础,所以你要坚持下去。运用之前列出的方法,为每个阶段确立目标,这样才能保证每天都有进步。

12 如何找到正确答案

我们不能决定未来，但我们可以决定养成什么样的习惯，正是这些习惯决定了我们的未来。

——F. M. 亚历山大

关键问题在任何情况下都能帮助你分析出你要做的最重要的那件事。搞清楚关键问题，你就会知道自己在大方向上想要的是什么，进而明白怎样做才能实现目标。这个过程其实很简单：提出一个好问题，然后想办法找到正确答案。一切都只需要这两个步骤而已，和之前讲的那个习惯一样简单。

1. 提出一个好问题 → 2. 找到正确的答案
要考虑大局，也要考虑细节　　　认真研究，找到可以效仿的对象

图 17　帮助你获得成功的两部曲

1. 提出一个好问题

关键问题可以帮助你提出一个好问题。和伟大的目标一样，好问题也要大而具体。这些问题会推动你前进，拓展你的思路，从而带你找到大而具体的答案。因为这些问题都是可测量的，所以结果也有明确指向。

请看图 18，你可以了解关键问题的重要性。

我们可以以增加销量为例来分解每个象限，把"半年内我能做什么来使销量增加一倍"带入得到图 19。

现在，我们来看一下每个问题好在什么地方，其中的不足又是什么，大而具体的那个象限我们放到最后再看。

第四象限。小而具体——"我如何做才能使今年的销量增加 5%？"你提出这个问题的同时就有了明确的方向，但这个问题也是最容易解决的。对于大多数销售活动来说，5% 其实是轻而易举的事情，你需要的只是市场行情变得更有利而已。但充其量也只

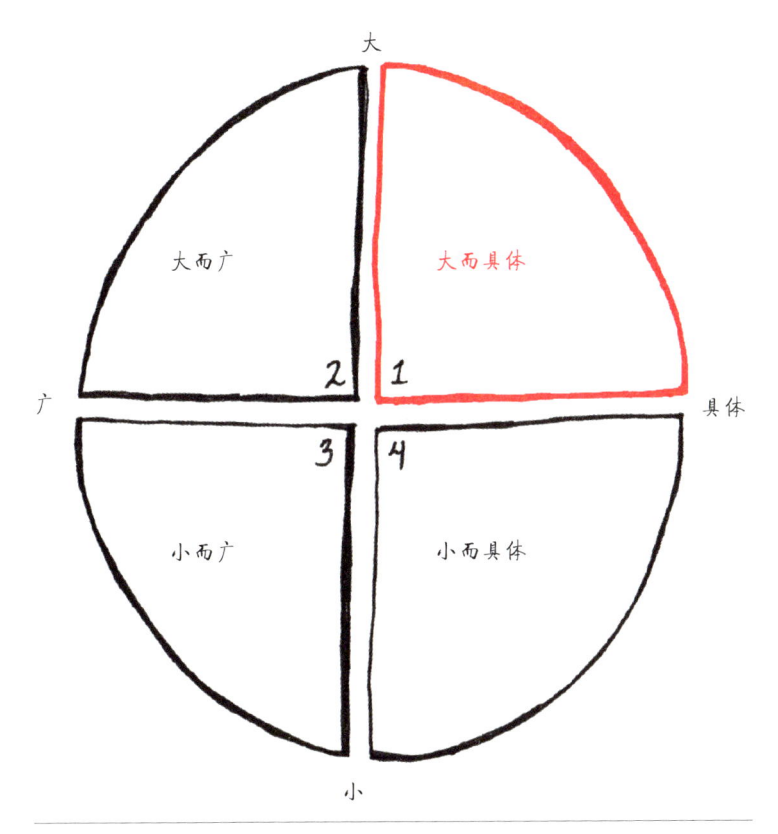

图18 一个好问题可以有4种构成

是收益上的增加,并不会改变你的生活轨迹。目标定得太低,就不需要付出多大的努力,因此也不会带来有重大意义的结果。

第三象限。小而广——"我如何做才能增加销量?"这个问题讲的不仅仅是增加销量,它其实是在激发你去思考。你可以把所有的方案都列出来,但缩减方案是需要一定能力的。销量增加多少呢?到什么时候为止呢?很多人就把问题问到这里,但是他

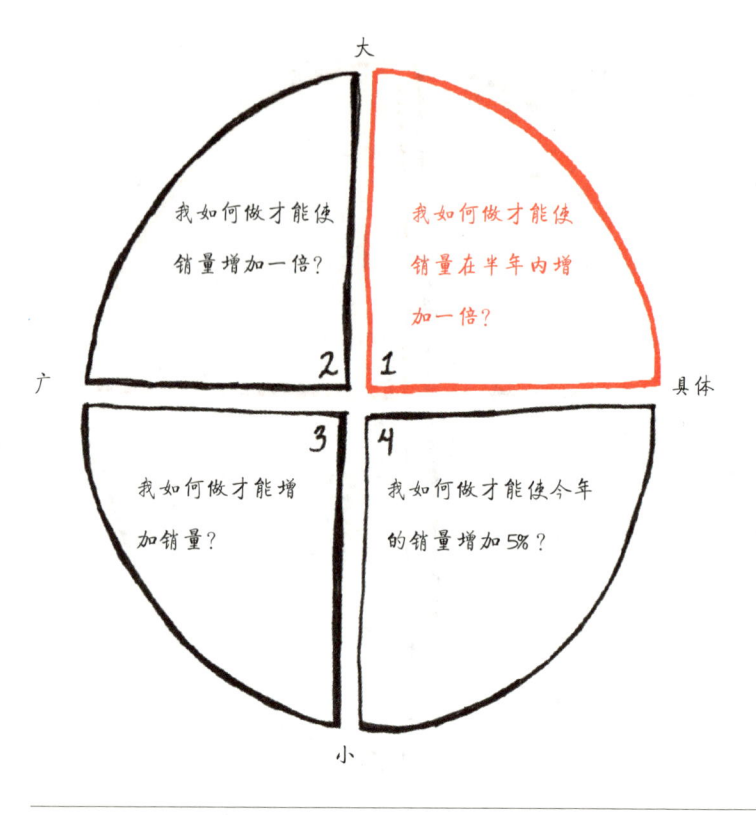

图 19　一个好问题的 4 种构成解读

们不明白为什么他们的答案不能带来好的结果。

　　第二象限。大而广——"我如何做才能使销量增加一倍？"这个问题很大，但不具体。能问出这个问题就开了一个很好的头，但是如果不够具体，就会产生很多问题，而且得不到答案。在未来 20 年内使销量增加一倍和在一年内或者更短的时间内实现这个目标，这两者是有很大区别的。你可以有很多选择，但你会因为不了解细节而无从下手。

第一象限。大而具体——"我如何做才能使销量在半年内增加一倍?"这个问题具备了伟大问题的所有要素。这个目标宏伟而且具体。你想使销量增加一倍,这并非易事;你给自己规定用半年的时间达到这一目标,这也是一个挑战。你需要一个强有力的答案。你要打开自己的思路,跳出常规的思维方式来看待这件事情。

看出这4个象限的区别了吧?当你提出一个好问题时,你其实是在追求一个伟大的目标。每当你这样做的时候,其实都是在往大而具体的方向走。大而具体的问题会带着你找到大而具体的答案,而这种答案对于宏大目标的实现非常有必要。

那么,"我如何做才能使销量在半年内增加一倍?"这个问题若是一个好问题,你将如何使它的作用发挥得更充分呢?你可以把这个问题转化为关键问题:"我如何才能使销量在半年内增加一倍,并且使其他事情随之变得更简单或者不必要?"这样一来,问题就朝着你的目标前进了一步,因为它能迫使你认清什么事才是最重要的,然后从这件事开始着手。为什么呢?

因为伟大的成功也是从那里开始的。

2. 找到正确的答案

虽然你想提出一个好问题,但你可能会遇到这样的挑战:一旦提出了这个问题，你就要去寻找一个正确的答案。

答案分很多种：具有可行性的答案、具有延展性的答案，以及可能的答案。你能获得的最简单的答案是在你的知识、技能和经验范围之内的答案。你可能已经知道该怎么做，并且不用太花心思就能找到这种答案，我们称之为"具有可行性的答案"，这也是最容易找到的答案。

接下来是具有延展性的答案。这种答案仍是在你的知识、技能和经验范围之内，但你需要花很大力气才能获得。你可能要做一些研究，看看别人如何获得这样的答案。在这个过程中，你可能会感到一种不确定性，因为你需要拓展自己，以达到你的能力

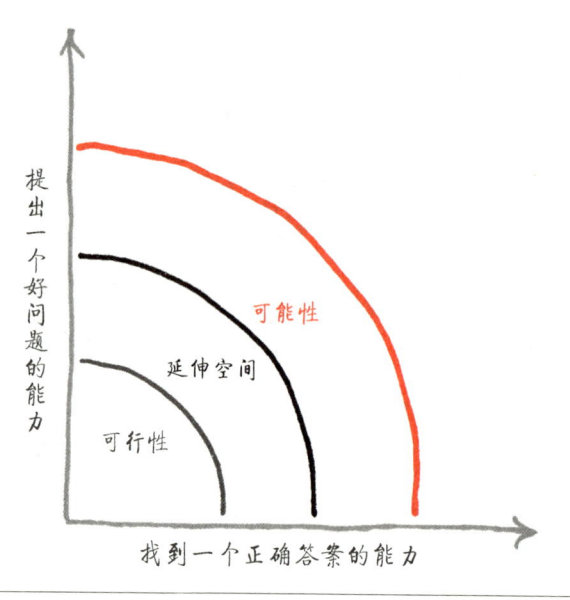

图20　良好的习惯可以开启可能性的大门

极限。我们姑且认为这种答案是可以获得的和可能的答案,当然这也取决于你下了多少功夫。

成功的人都理解前面这两个途径,但他们都没有采用。既然有可能完成不平凡的事,他们就不会满足于平凡的答案了。他们提出了好问题,就要获得最佳答案。

<u>正确的答案可以造就非凡的成就。</u>

成功人士通常会选择生活在其成就的界限之外,他们渴望知道个人局限之外的世界。他们很清楚这种答案是最难找到的,但他们也明白,只有超越个人局限找到答案,他们才能丰富自己的人生。

倘若你真的渴望找到答案,你就必须知道这个答案存在于舒适区之外。一个正确的答案从来就不是显而易见的,寻找答案的路从来不会为你铺就。一个可能的答案存在于已知和已做的领域之外。当你树立了一个具有延展性的目标时,你才能着手研究其他成功者的人生,而且不能就此停滞不前。事实上,这只是开始而已。而后,你将利用自己学到的一切,像成功者那样做:设立基准,并且寻找趋势。

一个正确的答案实际上也是一个全新的答案,它能超越当前所有的答案,通过两个步骤你就可以找到答案。第一步和你分析资料时是一样的,你要对伟大的成功者进行深入、全面的研究。你不知道自己的答案是什么,因为你的答案就是继续寻找自己的答案。换言之,你要做的第一件事就是寻找可以为你指明方向的线索和榜样，并提出这样一个问题："是否有其他人研究过或者获得了类似的成就？"答案通常都是肯定的，所以你研究的第一步就是要研究其他人的成功之道。

这些年，我收集大量书籍的一个原因就是书中有丰富的资源。虽然我无法和那些成功人士对话，但在书籍和各类出版物中，我可以找到大量文献资料和成功的榜样。今天，互联网也已迅速成为一种不可或缺的工具，你要在线上或者线下试着找到那些走在你前面的人，这样你才能研究他们的经历，以他们为榜样，并跟随他们的经验走下去。一位大学教授告诉我："加里，你很聪明，但其他人已走在你前面。你并非第一个拥有伟大梦想的人，所以明智的做法是先研究他人的学习成果，然后基于他们的经验教训行动。"他这样说是对的，每个人都可以对此有所借鉴。

其他人的研究和经验是你寻找答案的最佳出发点。只有当你清楚这一点时，你才能找到参照标准——已知且已达到的成就巅峰。利用具有延展性的目标接近这一切曾经是你的局限，

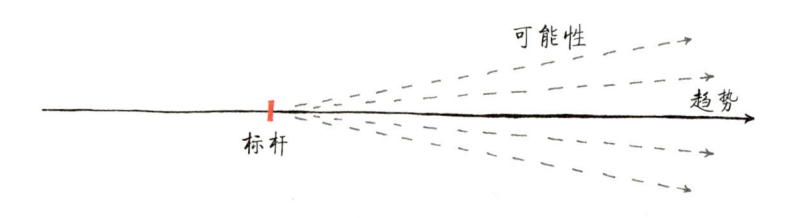

图 21　榜样是今日的成就，而趋势是明日的成就

如今它却是你的底线。它会成为你的制高点，你会知道接下来发生的一切——这就是趋势，也是找到答案的第二步。你正在寻找让你成功的那一件最重要的事，有必要的话，你也可以向一个与前人截然不同的方向行进。

这就是解决重大难题、克服困难的途径，因为最好的答案极少来源于平淡无奇的过程。不论是在哪个方面——在竞争中获胜、找到某种疾病的治疗方式或为个人目标采取行动，设立基准、跟随趋势都是你最好的选择。因为你的答案是独一无二的，你很可能会为了落实这个答案从而在某些方面重塑自己。一个全新的答案往往需要全新的行为，所以，当你在过程中改变方向、寻求巨大的成就时，不要觉得惊讶。同样，你也不能就此停滞。

这里是魔法发生的地方，拥有无限可能性。拓展可能性是一件极富挑战性的事，也是一件极具价值的事——当我们在最大限度地拓展我们的能力时，我们也是在最大限度地丰富我们的生活。

建议

1. 从大局思考，并明确问题。 制定一个自己想要达到的目标就像在提问题。这个步骤很简单，从告诉自己"我想要这样做"或问自己"我如何做到这一切"开始。最好的问题，或者说最佳的目标，都是大而具体的："大"是因为你想获得非凡的成就；"具体"则可以让你在前进的道路上找到方向、全力以赴。一个大而具体的问题，尤其是重点问题，可以帮助你找到最佳的答案。

2. **思考可能性**。制定一个可行的目标几乎等同于重新检查自己的问题清单。一个具有延展性的目标将更具挑战性，它能够让你拓展自己的能力去实现这个目标。最好的目标是指探索无限的可能性。当你遇到那些经历过变化的人和组织时，你便会理解这就是成功的秘诀。

3. **设立基准，跟随趋势，找到最佳答案**。没有人拥有魔力水晶球，但实践在预知未来事物方面具有超凡的作用。那些最早取得成功的人和组织往往能享受到大部分回报，并且不会与其竞争者分享。设立基准，跟随趋势，为非凡的结果寻找非凡的答案。

PART 3

第三部分
成就卓越
释放你内在的潜力

> 即便你已步入正轨,但如果你只是坐在那里,那么也有可能一无所获。
>
> ——威尔·罗杰斯

卓越成就

生活中有这样一个自然规律,它就像一个简单的公式,引领我们从事自己的事业,继而取得卓越的成就,用三个词概括便是:目标、优先事务以及生产力。这三种元素如齿轮般嵌在一起,并不断彰显各自存在的价值。它们之间的联系将使最重要的一件事分化为两种——一件大事及一件小事。

"一件大事"是指你的目标,"一件小事"则是指行动过程中做事的轻重缓急。最高效的人做事都十分具有目的性,他们把目

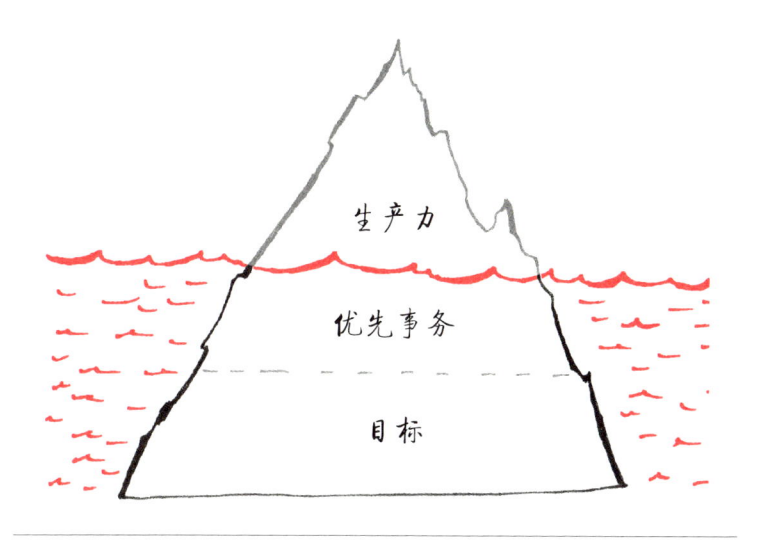

图 22　生产力被目标及优先事务所驱动

的当作指南针，指引他们的行动，并决定行动的优先顺序。这也是成就卓越最直接的方法。

我们可以将目标、优先事务和生产力看作一座冰山的三个部分。

通常只有1/9的冰体浮于水面，你所看到的不过是冰山一角。这就是生产力、优先事务及目标之间的关系，看不见的部分才是呈现在你眼前的事物的先决条件。

一个人做事越有效率，实际上就有越多的目标和优先事务来鞭策他。就像利润带来的额外收入一样，这一点在商业中也同样适用。公众看见的东西——生产力以及利润，往往由那些充当公司基底的事物（目标和优先事务）支撑。没有一个商人不渴望生

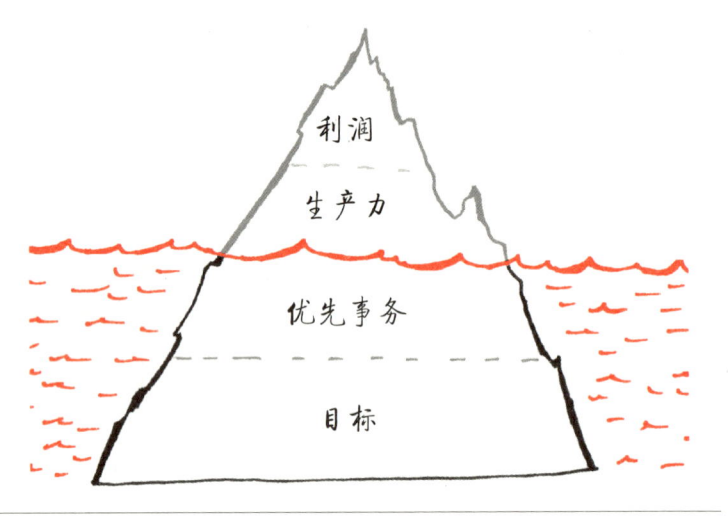

图23 在商业中，利润、生产力也是由优先事务和目标决定的

产力与利润的双赢，但绝大多数人都没能认识到这样一个道理：若要生产力与利润兼得，最佳途径就是通过以目标为导向的方式来规划办事的优先次序。

个人生产力是所有商业利润的基石，二者紧密联系、缺一不可。如果一个公司里全是些毫无效率的员工，那么要想最大限度地谋取利润，简直就是白日做梦。只有高效的员工才能创造出卓越的企业。当然，那些最高效的人从企业中收获的价值也最大。

目标、优先事务以及生产力这三者之间的共赢程度决定了个人与企业能发展到何种高度，这一点是成就卓越的核心。

13 找到生活目标

> 生活的目的不在于找到自己,而在于创造自己。
>
> ——萧伯纳

那么,我们如何用目标创造灿烂的人生呢?埃比尼泽·斯克鲁奇给出了他的答案。

拥有一个象征贪婪与吝啬的家族姓名,冷血、小气、贪心,对圣诞节以及诸如此类能带给人们幸福的事物嗤之以鼻——如此看来,埃比尼泽·斯克鲁奇怎么都不像是一个懂得教导大家如何生活的人。然而,在查尔斯·狄更斯于1843年撰写的经典巨著《圣诞颂歌》里就描写了他这样的人。

斯克鲁奇从吝啬、无情、冷漠到体贴、富有同情心的转变，正是"决策决定命运，选择成就人生"这句话的最好印证。小说又给我们呈现出了一个可以让我们模仿继而创造卓越人生的方法。接下来，我希望你们能多多包涵，容我稍加斟酌，把这个冗长的故事复述一下。

圣诞节前夜，埃比尼泽·斯克鲁奇已故的商业伙伴雅各布·马利拜访了他。这件事究竟是梦境还是现实，我们无从得知。马利哀叹道："今晚我是来警告你的，你还有一次机会和一线希望来逃离我的命运。你会被三个灵魂纠缠。"事实证明，这三个灵魂分别是过去、当下以及未来。他接着说："你要记得以前我们之间所发生的一切！"

现在，让我们暂停一会儿，好好记住斯克鲁奇这个人。狄更斯是这样描述他的："这个男人昔日的特质已被其内心的冷酷所冻结。小气如他，成日在磨石边埋头苦干，是一个一毛不拔的守财奴。他行踪隐匿，独来独往。从来没有人在大街上拦下他跟他打招呼，也没有人关心在乎过他，因为他也是如此。他是一个愁眉苦脸、小气又贪婪的老罪人——无论是双眼、身体，还是内心都冰冷至极。他的一生就是一段孤独的旅途，他的世界也因此黯淡无光。"

每个夜晚，这三个灵魂都会找到斯克鲁奇，给他展示他的过去、现在和未来是什么模样。久而久之，他明白了自己是如何成为现在的样子，知道了自己的生活轨迹将会如何进行，也预知了今后自己身边将会有什么事发生。这段可怕的经历让他每天早上醒来时都战栗不安。斯克鲁奇不清楚究竟是自己在做梦还是真有其事，而且晕晕乎乎地发现时间并没有溜走，于是他意识到，仍有希望改变命运。高兴了好一阵后，他冲到大街上，拦住第一个进入自己视线的男孩，又去市场买了一只最大的火鸡，匿名寄到自己唯一的雇员鲍勃·克拉特基特的家里。接着，他又去见了一个人，那位先生曾恳求他为有需要的人士慷慨解囊，却被自己断然拒绝；在祈求并得到那位先生的原谅后，他还捐了一大笔钱救济穷苦人家。

最后，斯克鲁奇来到侄子家，为自己长久以来的蛮横行为道歉，并请求得到原谅。侄子邀请他留下来共进晚餐，他答应了。在座的所有人，包括他的侄媳以及其他宾客，都被他的诚挚深深震撼，不敢相信坐在他们眼前的就是斯克鲁奇本人。

第二天早上，克拉特基特上班迟到，还正好跟斯克鲁奇撞了个满怀。斯克鲁奇大怒道："你现在这个点才到公司是想怎么样？我再也受不了这种事了！"克拉特基特还在努力消化这番令人沮丧的训话，没想到接下来斯克鲁奇竟说："所以我要给你涨工资！"他真怀疑自己听错了。

之后，斯克鲁奇还成为克拉特基特家的捐助者。他找来医生给克拉特基特残疾的儿子小提姆治病，就像对待自己的孩子一样关心小提姆。在往后的日子里，斯克鲁奇一直都倾尽所能，对他人伸出援手，帮助周围的人。

狄更斯通过这个再简单不过的故事，为我们描绘出了一幅别样的人生画卷。他让我们懂得，获得非凡人生的极简法则就是：人生要有目标，有规划，有所成就。

回顾这个故事，我相信在狄更斯眼里，目标就是我们所奔之地与所重之事的结合体。他认为，人生规划就是要懂得什么是当务之急，而效率则取决于我们采取的行动。在他笔下，生活犹如一串珠链，每颗珠子都代表一个选择。我们的目标承载着我们的规划，而规划决定我们的行动所带来的成效，它们紧密相连，缺一不可。

狄更斯认为，我们追求的目标决定了我们能成为一个什么样的人。

斯克鲁奇的故事很容易懂，那么就让我们透过狄更斯的生活妙方这面棱镜，重温一遍《圣诞颂歌》。我们能看出斯克鲁奇以前的生活目标非常明确，那就是赚钱。他的生活无时无刻不围绕着这一目标进行——工作也好，闲来无事时独自守着钱发呆也好，他把钱看得比人重要得多，并且信奉"有钱能使鬼推磨"这一说法。有了这个目标作为基石，他的优先事务也就变得十分明确了：玩命赚钱。对斯克鲁奇来说，就连收集硬币也显得极为重要。因此，他的成功是以赚钱多少为衡量标准的。有时为了玩乐，他会歇一会儿，但也要掐着时间计算少挣了多少钱。他贪婪、自私，对周遭的人情冷暖不屑一顾，于是赚钱、结算、借贷、收账、记账填满了他每天的生活。

用斯克鲁奇自己的标尺来衡量的话，在达成目标这条路上，他的确颇有成效。但对其他人来说，这不过是一种悲凉的"镀金"人生罢了。

倘若斯克鲁奇以前的合作伙伴马利没有对他说那些话，这个故事就会至此拉下帷幕了。马利不希望看到斯克鲁奇步其后尘。那么，继被灵魂滋扰的日子后，斯克鲁奇身上发生了什么转变？用狄更斯的话说，他的目标改变了，因此做事也变得有轻有重，他懂得该将精力放在哪里，从而取得最高收益。马利的介入让斯克鲁奇体验到一个新的目标能够使他蜕变。

在故事的结尾，斯克鲁奇关注的已不再是金钱这个目标了，他关注的是人。现在的他懂得去关心别人了——他关心他人的经济和健康状况，能够与人和谐相处，处处布施。他已不再是一个守财奴，他更注重怎样去帮助他人。他坚信，把钱用在对的地方才能体现其价值。

那么，他把什么东西放在首位呢？他曾经吝啬金钱，利用他人，如今他挥洒金钱，造福他人。他最看重的是，尽可能赚更多的钱去帮助更多有需要的人。而他的实际行动又是什么呢？他每时每刻都在帮助他人，他的生命丝毫没有虚度。

毫无疑问，发生在他身上的改变是巨大的。我们是什么样的人，我们的人生方向是什么，决定了我们将要采取何种行动，成就何番事业。

有生活的目标将使你所向披靡，无比幸福。

目标之于幸福

问问身边的人，他们最想要的是什么？几乎所有人的答案都是：幸福。虽然我们各自有特定的答案，但幸福仍是我们最渴求的，也是我们最难领会的。无论起初的动机为何，我们一生中所做的大部分事情都是为了让自己更加快乐。但我们都错了，幸福并不会如我们想象的那样出现。

我想通过一个古老的传说来给大家解释一下。

乞丐的碗

从前有一位国王，一天早上，他走出宫殿，迎面碰到一个乞丐。国王问他："你想要什么？"乞丐边笑边回答："你说得好像真能满足我的要求似的。"国王听罢面露不悦，说道："我当然能够满足你的愿望。说吧，是什么？"乞丐听了，提醒国王说："你在允诺任何事之前，都请三思。"

这个乞丐不是普通的乞丐，而是国王前世的老师。他曾说："下辈子我会试着唤醒你。这辈子是不能挽回了，但我将来一定会回来助你一臂之力。"

国王并没有认出乞丐，他坚称自己能满足乞丐所提的一切要求，因为他是一个无所不能、可以实现他人任何愿望的国王。于是乞丐说："我的愿望很简单。你能用金币装满我行乞的这只碗吗？""当然可以！"国王回答道，并叫身边的大臣往碗里装满金币。大臣照做了，但当他把金币倒入碗里时，金币突然消失得无影无踪。于是大臣又往碗里倒了更多的金币，可每当他这么做，碗里的金币都会顷刻消失不见。

碗自始至终都是空的。

这件事很快便传开了，大家都聚到一起，议论纷纷。国王感觉到自己的威严与权力已不保，于是他对大臣说："如果我注定要失去这个王国，那么我已经做好失去它的准备了，但我不能就这么被这个乞丐打败。"他继续倾其所有往碗里放入金币，以及钻石、珍珠等各种宝石，国王的宝库眼看就要空了。

然而，乞丐的碗还是空空的，任何东西只要一放进去，都会瞬间没了踪影。

人群里鸦雀无声，国王终于在乞丐面前跪了下来，承认自己的失败："你赢了，但走之前请告诉我，这究竟是怎么回事？这个碗里到底藏着什么秘密？"

乞丐淡然地答道："没有什么秘密，只是这碗是由人的欲望做成的而已。"

我们一生当中最重大的挑战之一，便是确保自己的生活目标不要像那个乞丐的碗一样，如欲望弥漫的无底深渊，不停地侵蚀着每一件令我们开心的事物。

我们总是期望通过金钱和物质给自己带来快乐。从一定程度来讲，这的确奏效。钱财能让我们的幸福感倍增，但这种感觉维持不久，很快就会被打回原形。翻开历史的篇章，幸福一直都是人们思量、探讨的话题，而且大家得出的结论惊人地相似：拥有钱财不会自动带来持久的幸福。

境遇如何影响我们，取决于我们怎样诠释它在我们的生活中扮演的角色。如果我们的视野狭隘，就会陷入追寻成功的万劫不复之地。因为每当我们获得了自己想要的东西，我们便会很快地习惯它们的存在，幸福感也就渐渐随之消散了。这种情况在每个人身上都会发生，最终百无聊赖的我们又开始追逐下一个猎物。还有一些人则无福消受所获得的一切，只是如机器人一般，不断去完成下一个目标。一不小心，我们便会掉进追寻猎物的怪圈，根本无暇享受它给我们带来的喜悦，乞丐便是这样"炼成"的。只有真正意识到这一点，我们的生活才会发生根本的转变。那么，如何才能得到持久的幸福呢？

实际上，幸福就诞生于圆梦的征途中。

美国心理协会前主席马丁·塞利格曼博士认为，5个关键要素能帮助我们拥有幸福：正面情绪与愉悦的心情、获得的成就、人际关系，投入及意义。其中，他最看重的是后两个。全身心投入我们的事业中，从而使我们的生活更有意义，是获取持久幸福最可靠的方法。当我们每天的所作所为逐渐成就一个目标时，巨大的幸福感也就随之而来了，并且久久不会消散。

以金钱为例（正因为金钱既代表获得物品的实力，又代表获得更多物品的潜力，所以拿它举例最合适不过）。我们当中的许多人不仅不懂得如何赚钱，也不明白钱为何能让我们开心。我曾教授过有关财富创造的课程，听者包括经验老到的企业家、羽翼未丰的中学生。每当我问"你们想赚到多少钱"时，虽说答案各异，但他们回答的数字都很大。我问他们是如何得出这个数字的，得到的答案总是那么相似："不知道。"然后我又会问："你对一个人在经济上富足的定义是什么？"同样，答案都是至少拥有100万美元。每当我问如何才能赚到那个数字时，他们总是回答道："这个数目实在太大了。"而我则回应道："确实很大，但其实也不一定，全看你怎么看待它了。"

那种有着相当高的收入又不必用工作来支撑其人生目标的人，在我眼里才算是富足之人。可是请注意，任何同意这个观点的人都将面临一个挑战：要做到经济富足，就必须心怀目标。也就是说，若没有目标，那么你永远都不会意识到自己是否赚到了足够的钱，也就永远不可能成为富足的人。

这也不是说赚更多的钱不能使你开心。从某个角度来说，无疑钱越多你就越会开心，但好景不会长。因为挣钱越多，你就会越有动力，到最后，不停地挣钱就会让你产生依赖性。俗话说："为了达到目的，可以不择手段。"但你要万万当心，幸福也是

找到生活目标　　137

会"以眼还眼,以牙还牙"的。为了赚钱而赚钱,不会给你带来你所期望的幸福。当你怀揣一个更宏大的目标而不是更满的口袋时,幸福自然会来敲门。这就是为什么我们说,幸福会在追寻它的过程中悄悄降临。

目标的力量

目标是通往力量之门最直接的途径,也是一个人能量迸发的源泉,还是一个人的信念与坚韧的源泉。取得卓越成就的方法就是了解什么对自己最重要,并通过一点一滴的积累逐渐实现它。当你拥有一个明确的目标时,你的思路将变得更加清晰,你对前方的道路也会看得越来越清楚,做起决策来自然就更加得心应手。当你有了正确的方向,你就会更快做出决策,而且这些决策又会使你拥有更好的人生选择。而当你拥有更好的选择时,你就有机会向成功靠拢。因此,清楚自己前进的方向,能够帮助你获得生命所能提供的最佳结果和体验。

每当你感到事事不如意时,目标就会适时给你提供帮助。生活难免有辛酸,让你手足无措。若胸怀大志,好好生活,那么苦难终将被稀释。是的,我们都是这么走过来的。清楚地知道自己在做什么,能在生活脱离轨道时给你注入灵感与动力,帮助你继续追寻目标。而且,长期的坚持以及对成功的耐心等候,对成就卓越来说也是最基本的要求。

目标好比一瓶胶水，它能将你和你所设定的那条人生道路紧紧粘合在一起。当你所做的事情都是在为你的目标做铺垫时，你的生活就会步入正轨，而你坚定的步伐也将与你内心的声音和谐一致。要有目标地活着，也许某一天，你会惊讶地发现，工作时的自己会不经意哼小曲儿，甚至还吹口哨呢。

每当你扪心自问"我生命中最重要的那件事究竟是什么，到底是什么事，能让其他的事都变得不再困难、不再重要？"时，你就是在用最重要的那件事为你的人生锁定目标。

建议

1. **幸福诞生于圆梦的征途中**。人人都想得到快乐，但追寻它并不代表能找到它。真正长久的幸福，发生在你为生活设定了更大的目标，每天都变得更有意义时。

2. **回答自己的"大问号"**。通过提问找到自己的目标。是什么在清晨将你唤醒，又在你疲惫不堪的时候鞭策你继续前行？我常常会把这比作自己的"大问号"。这是你对自己的生活感到兴奋无比的缘由，也是你为之忙碌的原因。

3. **勿问结果，只看方向**。"目标"二字看似沉重，但其实未必如此，你只需把它看作是你人生中唯一想做的事情。试着将自己的目标写在纸上，然后说说自己准备如何实现。

例如，我的目标是通过教育、指导与文字，尽可能去帮助人们拥有他们想要的生活。那么，我自己的生活又是怎样一番景象呢?

教学一直是我人生中最重要的那件事,我与它相伴已有 30 年。一开始我告诉客户何为市场,如何做决策;接下来就是在教室里或销售会议上教销售员,有时则是一对一教学;之后教授商业课程,让学生明白如何通过效率与战略获得成功。最近 10 年来,我开始就创建人生展开讨论。我所教授的内容成为我后来指导客户的内容,而我所写的作品又为这两者提供了支持。

选择一个方向,迈开脚步,看看自己是否喜欢这条路。时间会为你带来更清晰的视野。如果你发现自己兴致全无,那么再改变想法也不晚。你的人生由自己掌舵。

14 确定优先事务

> 计划能够将未来带到现在，因此你可以马上行动起来。
>
> ——阿兰·拉金

"我该走哪条路呢？"爱丽丝问。

"这要看你想去哪儿。"猫说。

"我也不知道。"爱丽丝说。

"那么你走哪条路都无所谓了。"猫回答。

在刘易斯·卡罗尔的《爱丽丝漫游奇境》中，爱丽丝的际遇告诉我们目标与优先事务之间的紧密联系。目标为我们指明前进的方向，对优先事务的判断则告诉我们达到目的所要采取的行动。

我们每一天都要面临各种选择。我们会问自己:"我要做什么?我应该做什么?"如果没有目标和方向,"我要做什么"这个问题就会让我们茫然无措;如果有了目标和方向,你就会采取行动去你必须去的地方。一旦我们的生活有了目标,按照事情的轻重缓急行事便势在必行。

用倒推法设立目标

正如前文中的斯克鲁奇所说,我们赋予生命目标,让它推动生命前行。但我们也要认识到:只有学会处理优先事务,目标才能成就生命,否则目标就毫无用处。

首先,让我们看看"优先事务"(priority)的含义。这个词来源于拉丁文"prior",意思是"首先"。如果某件事最重要,它就是"priority"。奇怪的是,这个词直到 20 世纪才有了复数形式"priorities",表示"重要的事情",而它的本义却被其他短语所取代(如"most pressing matter"、"prime concern"、"on the front burner")。如果想用 priority 表达它的本义,我们就要在它的前面加一些修饰成分(如"highest"、"top"、"first"、"main"、"most important"等)。这就是"priority"一词的发展历程。

你的语言中也会有很多方式来表达"优先事务",但不论你选择了哪一种表达方式,为了实现理想,你只需做那件最重要的事。

如何将目标和优先事务相结合，一直是我"目标设定"这个讲座的重点部分。我会询问："我们为何要设立目标并制订计划？"尽管我得到的答案都很好，但正确的答案应该是：为了适应人生的重要阶段。我们可以回忆过去、预测将来，但只有当下才是最真实的，也是我们正在经历的。我们的过去只是过去的现在，我们的未来只是潜在的未来。为了让大家明白这一点，我开始把创建一个强大的优先事务的方法称为"倒推法设立目标"，以强调为什么我们首先要创建一个优先事务。

成功的要义在于适时将各阶段的成果联系起来的能力。一个阶段的所作所为决定了下一阶段的经历。毫无疑问，你的"现在"和"将来"正被你当下生活中的优先事务所左右。那么，如何确定优先事务呢？这要看你目前和将来的打算。

如果要你选择"今天拿100美元"或者"明年拿200美元"，你会选哪个？200美元，对吗？如果你的目标是赚更多的钱，你自然会选择后者。但奇怪的是，大多数人恰恰相反。

经济学家很早就提出，相对于更加丰厚的回报，人们更看重眼前的利益——尽管长期利益要丰厚得多。这种现象有一个奇怪的名字，叫作"双曲线贴现"，意思是回报周期越长，人们想得到它的动机就越小。或许是因为较远的事物看上去会更小一些，所以人们会错估它的价值——这或许也可以解释人们为何选择目前的"100美元"而不是选择将来的"200美元"。这种不符合逻辑的倾向会导致成功从你的指缝间溜走，想想看，它会给我们的

确定优先事务

用倒推法设立目标

长期目标
我的长期目标是什么?

↓

5年目标
基于长期目标,未来5年最重要的一件事是什么?

↓

年目标
基于5年目标,本年最重要的一件事是什么?

↓

月目标
基于年目标,本月最重要的一件事是什么?

↓

周目标
基于月目标,本周最重要的一件事是什么?

↓

日目标
基于周目标,今天最重要的一件事是什么?

↓

当下
基于日目标,现在最重要的一件事是什么?

图24 当前的优先事务与未来目标的关系图

未来带来多么严重的后果!还记得关于"延迟满足"的讨论吗?那些忍不住吃了棉花糖的开端会让我们在未来付出更高的代价。

我们需要一种简洁的思维方式来解放自己,确立优先事务,从而接近目标。

因此，倒推法设立目标就是答案。

你首先需要考虑长期目标，然后一步步往回考虑，倒推出现在应该做的最重要的一件事。这有点儿像俄罗斯套娃，此刻的最重要的一件事就藏在今天的最重要的一件事之中，今天的最重要的一件事就藏在这周的最重要的一件事之中，这周的最重要的一件事就藏在本月的最重要的一件事之中……一件小事就这样一步步变大。

实际上你是在摆一副多米诺骨牌。

为了更好理解如何用倒推法设立目标，引导我们的思维，帮助我们确立优先事务，请大声读出以下文字：

> 为了实现长期目标，我未来5年应做的最重要的一件事是什么？为了实现5年目标，我今年应做的最重要的一件事是什么？为了实现今年的目标，我本月应做的最重要的一件事是什么？为了实现本月的目标，我本周应做的最重要的一件事是什么？为了实现本周的目标，我今天应做的最重要的一件事是什么？为了实现今天的目标，我现在应做的最重要的一件事是什么？

希望你能反复阅读上文，<u>它可以训练你的思维，将所有目标一个个联系起来，直到你找到当下最重要的那件事</u>。你在学习如何宏观地思考——但是微观地行事。

为了证明这种思维方法的价值，我们会尝试跳过几步，直接问自己："为了实现长期目标，我现在应做的最重要的一件事是什么？"但这样是行不通的，因为现在离将来太遥远，你无法准确地找到关键的优先事务。事实上，你可以在今天、本周、今年的计划中不断添加，但只有完成了所有的添加步骤，才能显现出"优先事务"的威力。很少有人能把今天和明天联系起来，这就是为什么只有少数人可以成功。

把今天和明天关联起来，这一点很重要。

有研究数据为证。在三个相互独立的调查中，心理学家观察了262个学生，来测定"看到结果"的影响。学生们被分成两组，一组只能看到结果（例如在考试中得了A），另一组则可以看到整个过程（例如为在考试中得A要经历的学习过程）。最后，看到整个过程的学生的表现更佳，他们起步更早、学得更好，所得的分数也更高。

人们对自己的能力往往过于乐观，所以多数人不愿全盘考虑，研究人员把这种现象叫作"规划谬误"。看到整个过程，将大目标分解成数个小步骤有利于在规划中运用全盘考虑的方法，这就是为什么倒推法设立目标真的有效。

有一类对话天天在我这里上演。有人问我他们应该做什么，我反过来问他们的方向和长远目标是什么。然后我向他们介绍倒推法设立目标，他们都学得很快，立刻就能为己所用，回答我的问题。每次他们告诉我他们当下的优先事务时，我都会笑着问：

长期目标

5年目标

年度目标

月目标

周目标

日目标

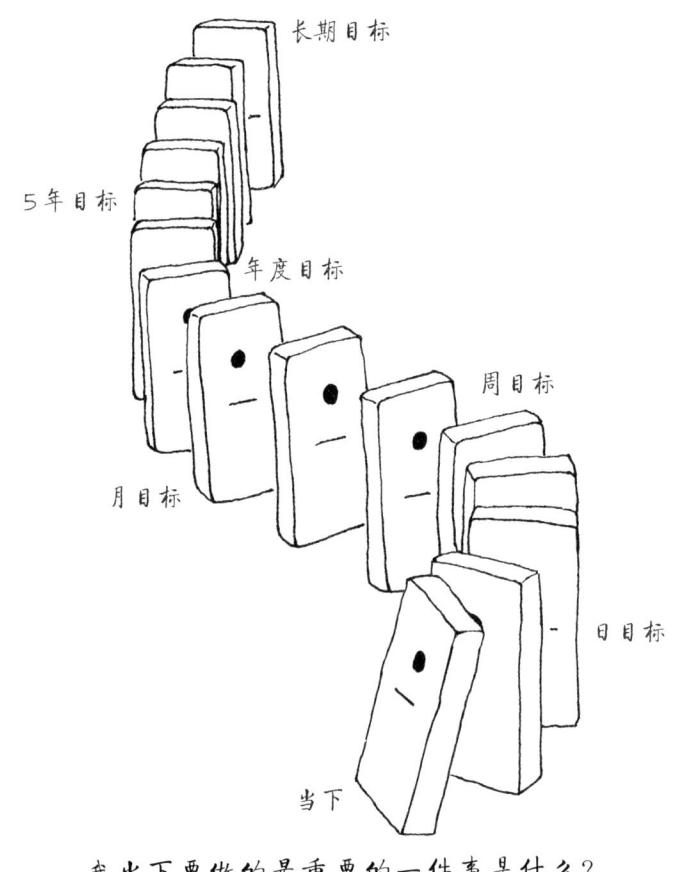

当下

我当下要做的最重要的一件事是什么？

图25 多米诺骨牌示意图

"既然你都明白，又为何还要和我谈呢？"

最后一步就是要把自己的回答写下来。很多书都谈过将目标写下的好处，说明这种方式的确管用。

2008年，加利福尼亚州多明尼克大学的盖尔·马修斯博士

确定优先事务　147

做了一项研究。她招募了 267 个来自不同国家的不同行业的人（包括律师、会计、非营利组织员工、市场营销人员等）。统计发现，将既定目标写出的人更有可能完成任务，而且完成任务的可能性比没有写出的人高 39.5%。因此，写出你的既定目标和优先事务是关键的最后一步。

建议

1. **只有一件事**。你的优先事务只有一件，你要立刻去做，以此帮助自己达到目标。你或许有很多"重要的事情"，但认真考虑后你就会发现，只有一件最重要的事，那就是你的优先事务。

2. **倒推法设立目标**。第一步就是找到你的长期目标，然后估算实现这一目标需要哪几步，考虑清楚每一步的优先事务是什么，由此从未来倒推至当下。

3. **落于笔头**。把每一步目标都写下来。

有了根据倒推法设定的优先事务，其他一切事情就会变得更简单或没必要了，只要专注于最重要的那件事就好。这种方法为我们打通了成功之路。

一旦你知道自己要做什么，下一步就是行动了。

15 高效的生活

注重效率不是把自己变成一头牛，永远很忙、永远熬夜……而是要明白何为优先事务、何为计划，并且要捍卫自己的私人时间。

——玛加丽塔·塔尔塔科夫斯基

斯克鲁奇的故事在文学史上算是一个里程碑，他为自己的新目标而兴奋，为自己完成了优先事务而感到充满力量，他不断努力着。

高效的行为会改变生活。

"让我们提高效率"这句话在电影中绝对不会出现在骑兵占领高地时，也不会成为教练、经理和将军鼓舞士气的首选话语，更不会出现在你面对挑战或竞争时的自言自语中。狄更斯从未让斯克鲁奇说过这样的话，尽管他"掌控"着斯克鲁奇的生活。但是，"高效"恰恰是斯克鲁奇的特质，而且"高效"也是我们最想获得的，尤其是当结果很重要的时候。

我们总是在做一些事情——工作、玩、吃东西、睡觉、站立、端坐、呼吸……如果我们活着，我们就要做事情。人生永恒的问题绝不是我们将要做什么，而是"什么"是我们想要做的。我们做的事有时不重要，有时又很重要。那些重要的事决定了我们的生活。我们所做的所有重要的事也决定了我们成功与否。

由此可见，高效的生活可以带来成功。

每次和他人谈到"高效"这个话题，我都会问对方："你用什么时间管理系统？"他们给出了各种答案：纸质日历、电子日历、定时器、每周计划……然后我会问："你如何选择自己的时间管理系统呢？"他们又会说，根据形状、大小、颜色、价格，还有很多可以想象的标准。但他们说的都是形式而非功能，即"是什么"，而非"怎么样"。所以，当我问到"你们使用哪种管理系统"时，大家都无法理解。

"如果每个人都拥有同样多的时间，但有些人赚得更多，那么是否可以说我们利用时间的方式决定了收入的多少？"我问大家。每个人都同意。我接着说："如果这是真的，那么时间就是金钱，对时间管理系统的描述方式最好也与金钱相关。因此，你们认为自己是在用 10 000 美元一年的系统、20 000 美元一年的系统，还是 50 000 美元、100 000 美元、500 000 美元，甚至 1 000 000 美元一年的系统?"

大家都沉默了。

最终有人开口说:"我怎么知道?"

我反问:"你挣多少钱呢?"

> 我的目标不是做得更多,而是让自己需要的事情更少。
>
> ——弗朗辛·杰伊

如果金钱只是产出的比喻,那么很显然,一个时间管理系统是否有效取决于它是否高效。

我一直觉得有件事很奇怪,就是与我合作或雇用我的人都是百万富翁或者想成为百万富翁的人。我并非刻意而为,但从这些经历中,我明白了最成功的人永远都是最高效的人。

高效的人做得更多、效率更高,收入也更多。他们能够做到这一点是因为他们能够长时间保持高效,集中精力做好优先事务。他们为优先事务留出时间,不容其他事情占据自己宝贵的时间。他们将那些预留时间段与他们所追求的结果联系了起来。

预留时间段

我常说我来自"一群昏睡的人"。这虽是玩笑话,但也是事实,似乎我的基因与乌龟(而不是兔子)有着更多的共性。但是,另一些人(即我的合作伙伴)却很高兴自己拥有旺盛的精力,而且他们可以长时间工作且不知疲倦。我也尝试过,但还不到一周,我的身体就吃不消了。不论我如何努力,我都不能通过延长时间去多做一些事,因为我的体能不行。考虑到自身的局限

高效的生活

为优先事务预留时间 → 保护这个时间段

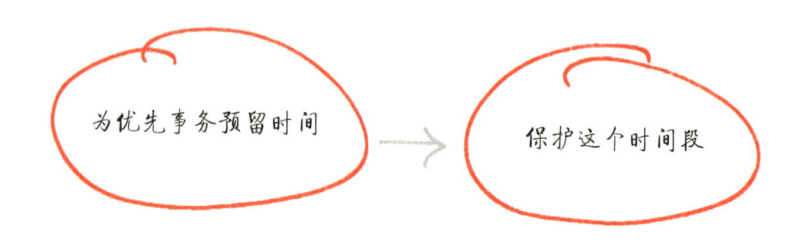

图 26　与自己做个约定，并履行诺言

性，我必须找到一个方法，让我在有限的时间内高效率地工作。

这个方法就是预留时间段。

大多数人认为要取得成功，时间似乎永远不够用，但如果你预留出时间，那么时间就够了。预留时间段是一种以结果为导向来看待和使用时间的方法。这是一种确保必须完成的事情得以完成的方法。亚历山大·格雷厄姆·贝尔说："你应把注意力集中在手头的工作上。阳光只有汇聚到一点，才能燃起火焰。"预留时间段能够把我们的精力集中在最重要的工作上，它是高效生活最有力的工具。

所以，看看自己的日程，把所有的时间集中起来完成最重要的一件事。如果最重要的一件事是一次性的，就为它安排几个小时或几天；如果是重复性的，就可以每天腾出几个小时，把它变成一个习惯。其他的事（项目、文书工作、电子邮件、电话、通信、会议等）都必须等待。如果将时间这样安排，你就是在经历高效的一天，它或许会成为你余生的时间管理模式。

不幸的是，当你发现自己只有越来越少的时间去做最重要的事情时，你的一天就会像图 27 所展示的那样。

普通的一天

最重要的一件事

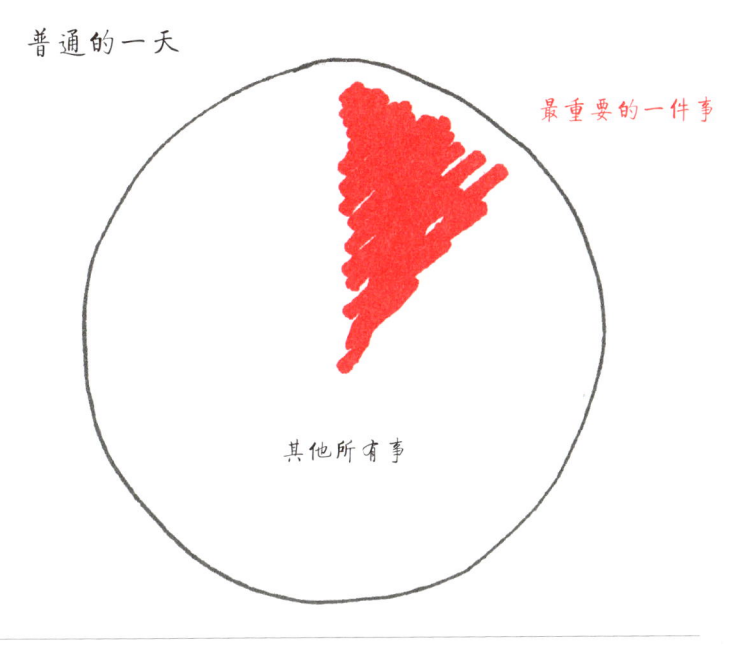

其他所有事

图 27　其他不重要的事主宰了你的生活！

最高效的人的一天则是完全不同的（如图 28 所示）。

如果失败是你的行为导致的，那么你就必须给这样的行为分配更少的时间。每天都要问自己这个问题："今天我要做的最重要的一件事是什么？"一旦找到了答案，你就要开始优化你的工作。

结果就是这样变得非同寻常。

凭我的经验，能够这样做的人不仅最有成就，而且在事业上

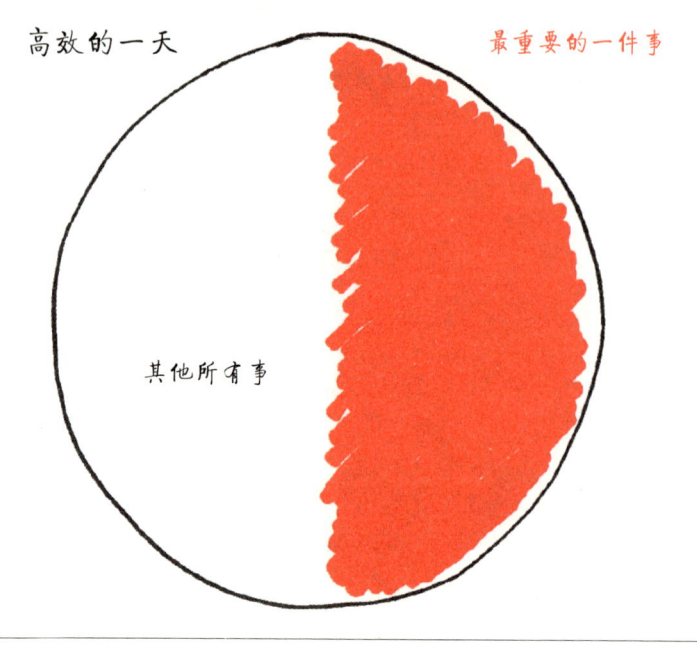

图 28　最重要的一件事让一天都变得有意义！

也会拥有最多的机会。因此，他们在业界会因其成就而出名，变得无可替代。最终，没有人能够想象或容忍失去他们的代价。（顺便说一句，对于那些迷失在其他事务中的人来说，反之亦然。）

完成一天中的优先事务之后，你就可以做其他事了。你可以采用倒推法来提问，从而确定自己的下一件优先事务，然后预留出相应的时间。重复这个过程，直到一天结束。做完"其他事"或许有助于睡眠，但不一定有利于提升自我。

让预留时间段的方法起作用有一个前提，那就是时间安排记录的是约定，与谁约定则不重要。因此，在你找到自己的优先事务后，就和自己约定好去解决它。三百六十行，行行出状元。每天付出足够多的努力，成功就会到来。

为了取得成功，要按顺序为以下 3 件事预留时间：

1. 留出空闲时间
2. 留出做优先事务的时间
3. 留出做计划的时间

1. 留出空闲时间

特别成功的人每年都会以计划空闲时间作为开端。为什么

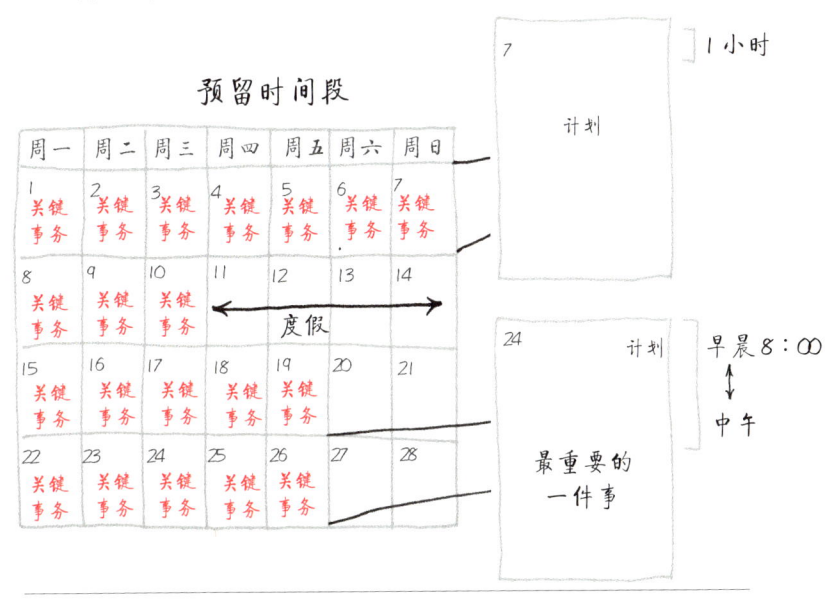

图29 你的预留时间日程表

呢?因为他们明白自己需要空闲时间,而且他们花得起这段时间。的确,最成功的人仅仅将自己的工作时间看作两段假期的间隔;而最不成功的人则认为自己不应该休息,因为他们觉得自己不值得或没时间休息。所以,我们要提前规划休息时间,将工作时间围绕其管理,而不是相反的情况。我们会让其他人知道自己离开的时间,他们也可以据此提前规划。如果你想成功,就请用时间管理来充实、回报自己吧。

预留出较长的周末和假期用来休息,你会更好地放松,之后就会更高效。万物都需要休息,以便更好地运转,人类也一样。

<u>休息与工作一样重要</u>。有一些成功人士不注意休息,但我们不应把他们当成榜样。他们之所以成功不是因为他们不休息,缺乏休息会严重影响健康。

2. 留出做优先事务的时间

在留出空闲时间后,就要留出做优先事务的时间。是的,你没有看错。最重要的事只能排第二。为什么?因为如果你忽视了自己的休息时间,那么你就无法保持成功的状态。一定要留出空闲时间,然后留出做优先事务的时间。

那些最高效、最成功的人,他们每天的安排都围绕着那一件最重要

> 一天24个小时,大多数时间都被我们荒废了。
> ——安布罗斯·比尔斯

的事。他们每天最重要的约会是与他们自己相约，而且他们不会爽约。如果提前完成了任务，他们也不会认为这一天已经结束，他们还会考虑如何利用剩余的时间。

同样，如果他们将优先事务细分成了更详细的目标，不论花多长时间，他们最终都会完成。在《时间地图》这本书中，罗伯特·莱文指出，多数人按照朝九晚五的时间点工作，一些人则按任务完成的情况工作。例如，挤奶工要挤完奶后才能下班，他不会到某一时间点就下班，这对于任何领域的任何结果很重要的职业而言都是一样的。然而，最高效的人是以"事件"计时的，他们会一直努力，直到完成优先事务。

这种方法的关键在于尽早规划自己的时间。每天早晨给自己短暂的洗漱时间，然后就可以从优先事务着手，开启新的一天的日程。

我觉得一天规划四个小时比较好。你没有看错，我重复一下，一天四小时。说实话，这已经是最小值了。当然，如果你想规划得更久，也是可以的。

在《写作这回事：创作生涯回忆录》一书中，斯蒂芬·金这样形容自己的工作："我的日程安排得很清晰，上午用来处理新事务，比如撰写文章；下午用来打盹儿和写信；晚上用来读书、和家人在一起、玩游戏、做些工作上紧急的修改。基本上，上午是我最重要的写作时间。"一天四个小时或许比斯蒂芬·金的描述更让你感到惊讶，但无人可以否定他的成就——他是我们这个

高效的生活

时代最成功、最多产的作家之一。

每当我举这个例子时,总有人说:"这种时间安排对于斯蒂芬·金来说很容易,因为他是斯蒂芬·金!"对于这种说法,我一般只是回答:"我认为你要自问,他这样做是因为他是斯蒂芬·金,还是说他的行为成就了斯蒂芬·金其人。"我的回答通常都会让他们无话可说。

正如很多成功的作家一样,斯蒂芬·金在事业的早期阶段也严格安排自己的时间段,甚至包括午餐时间,因为他的工作与他的志向并不兼容。当他取得了一点儿成功并且能够把写作作为一个谋生手段时,他便把预留时间调整为具有可持续性的时间。

我们团队中的一位行政助理最近将大量的时间都用在一个项目上。首先,这样做压力很大。她不断地被打断——电子邮件提示音、同事的求助、团队成员不断地占用她的时间,这些都是她的工作,不是干扰。最后,她不得不借了一台笔记本电脑,占用了一个会议室来躲开那些不紧迫的请求。还不到一周,每个人都习惯了她忙碌的时间段,也都调整了自己的时间安排。这个过程仅仅花了一周,而不是一个月或一年。会议时间被重新安排,工作继续进行,这位助理的效率也得到了巨大的提升。

不论是谁,采用预留时间段的方法都是可行的。

保罗·格雷厄姆在 2009 年发表的文章《执行者的时间表,经理的时间表》中强调了人们对大量预留时间的需要。他作为创新风险投资公司 Y Combinator 的创始人之一,认为员工时间安排的传统方式与普通的公司文化相关，正是它们阻碍了工作效率的提高。

格雷厄姆把所有的工作职责分成两类：执行者（执行或创造）和经理（监督或指导）。"执行者"需要占用大量的预留时间，用来写编码、推敲某个观点、产生领导效应、招聘新员工、生产产品或者执行计划。"经理"的时间则被分成了几部分。这段时间被分配给了接连不断的会议，因为监督者或指导者有权让"其他人跟随自己的步骤"。如果将执行者的时间也算入会议时间，就可能产生很大的冲突，他们将没有时间推动自己和公司前进。格雷厄姆看到了这一点，于是把 Y Combinator 的公司文化设计成以执行者的时间表为准，所有会议都集中在一天的末尾。

成功意味着你要在上午做一个执行者，在下午做一个管理者。你的目标就是完成优先事务，如果你不为优先事务预留时间，你就肯定完不成。

3. 留出做计划的时间

留出做计划的时间，这段时间给我们提供了反思自己目前所在位置和目标的机会。对于年度目标，时间表要在一年的晚些时候做，在你可以看到大致方向的时候，但也不能太晚，不能影响了下一步计划。想想自己的长期目标和 5 年目标，再衡量一下自己未来一年必须有多少进步。我们可能会加一些新目标进去，修改一些目标，或者去掉一些不再反映你的优先事务的目标。

每周留出一小时反思自己的年度目标和月目标。首先，问问自己当月要做什么才能保证年度目标的实现。其次，问自己这个星期要怎样做才能保证当月目标的实现。实际上，我们应该问："根据我现在的情况，我本周做什么样的优先事务才能保证当月目标和年度目标的实现？"我们就是在摆多米诺骨牌。考虑一下自己需要多少时间，并在日程安排上留出来。实际上，当我们为计划留出时间时，我们也是在规划自己的时间。

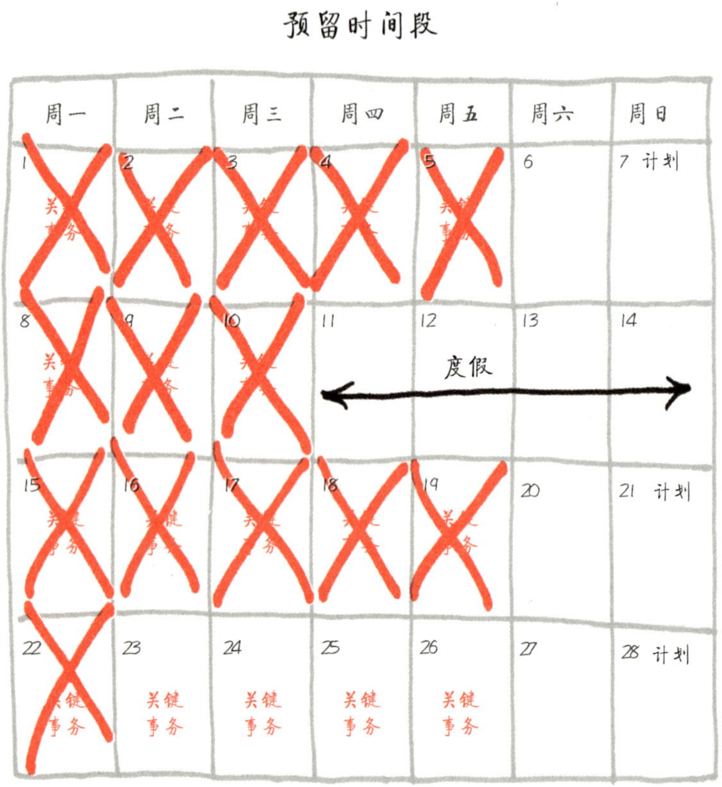

预留时间段

周一	周二	周三	周四	周五	周六	周日
1 关键事务 ✗	2 ✗	3 ✗	4 ✗	5 关键事务 ✗	6	7 计划
8 关键事务 ✗	9 ✗	10 ✗	11	12 度假 ←————————→	13	14
15 关键事务 ✗	16 ✗	17 ✗	18 ✗	19 关键事务 ✗	20	21 计划
22 关键事务 ✗	23 关键事务	24 关键事务	25 关键事务	26 关键事务	27	28 计划

图30　增加的大红叉能让你获得非凡的结果！

2007 年 7 月，软件开发者布拉德·艾萨克分享了一个高效率的秘密，这个秘密是他从喜剧演员杰瑞·宋飞那里学到的。宋飞成名前经常在各地巡演，有一次艾萨克在一个免费的喜剧俱乐部里碰到了他。艾萨克问他，怎样才能成为一个更棒的喜剧演员。宋飞回答说，关键是每天写出笑点（提示：这是宋飞的优先事务）。他的方法就是在墙上挂一幅巨大的日历，哪天练习了技艺，就在日历上打一个大红叉。"几天后，就可以看到一列红叉，"宋飞说，"这列红叉会越来越长，你会很希望看到它，你唯一要做的事情就是不要让红叉断开。千万不要让红叉断开！"

我喜爱宋飞的方法，因为我们认为的正确的事情十分一致。他的方法很简单，仅仅是基于优先事务罢了，但他为自己创造了前进的动力。你看到日历时可能会感慨："我这一年竟然都做到了！"整个系统设计的初衷是将你的长期目标细分成现在就可实施的小目标，即日历上的红叉。正如沃尔特·艾略特所说："坚持不是长跑，坚持是由很多个短跑串联在一起的。"随着你完成一个又一个短跑，坚持会变得越来越轻松，你也会感到越来越有动力。

把最重要的多米诺骨牌推倒是一件很神奇的事情。你所要做的全部工作就是避免破坏这个链条，每天积累，直到养成习惯——预留时间的习惯。

听上去很简单吧？如果你懂得去维护它，它就不复杂。

高效的生活

维护预留时间段

因为预留出来的是时间段，所以我们要保护这些时间段。尽管预留时间段并不困难，但保护你预留的时间段却并不容易。你的工作就是保护自己的时间段不受他人干扰，同时也要防止自己的干扰，因为有时你自己也会忽略这一点。

维护时间段的最佳方法是拥有坚定的意志。有人想约你出去的时候，你只要说"不好意思，我刚好有事"，然后提出替代方案。如果那个人觉得有些失落，你只能表示同情但不能改变自己的决定。那些最擅长管理自己的时间的人每天都在这样做，他们总是在维护自己最重要的约定。

比较麻烦的是处理来自重要人物的要求，你怎么拒绝他们（包括你的老板、重要客户、家人）的紧急请求呢？你可以表示同意，但答应后，要问一句："我在……（某个时间）前做完可以吗？"通常情况下，他们的请求更多是为了将任务交接给你，但不需要你立刻完成，所以提出要求的人需要的答案大多是"这件事情我会完成的"。有时，一件事确实需要你马上完成，那么你就要立刻放下手头上的工作去完成它。在这种情况下，你就要坚守一条原则——"如果你不完成，你就会被换掉"，同时重新规划你的时间。

如果你已经太忙并且超负荷工作了，那么完成计划就真的很难了。如果你将很多时间用在了优先事务上，就无法完成其他事情。这里的关键是，优先事务完成后，多米诺骨牌将会倒下，其他事情也就变得更简单或者不必要了。我刚刚开始规划时间时，做过的最有效的事情就是告诉自己："除非我把优先事务做完了，否则其他一切事务都会分散我的注意力。"写下这句话，放在你和别人都能看到的地方，时常把它记在心上。用不了多久，其他人就会理解并支持你的这种做法了。你不妨试试看。

最后一个阻碍你按时间表行事的因素，就是不能清空自己的思绪。日子一天天过去，对其他事情的需求而非对优先事务的需求或许是我们要面对的最大挑战。你的生活中并非只有优先事务需要处理，还有很多琐事要去完成。所以，一旦想到什么琐事，就在工作日程上写下来，再回头做你该做的事。也就是说，你要将脑袋清空，按计划去完成你该做的事即可。

事实上，有很多状况都会破坏你的时间安排，下面列出了4种有效的方法可以防止你走神。

1. **建立堡垒**。找到一个抗干扰的工作地点。如果你有办公室，就在门上挂一个"请勿打扰"的牌子；如果办公室里有玻璃墙，那就安上百叶窗。如果你在小隔间工作，那么可以放一个屏风，如果必要的话，去其他安静的地方工作。海明威每天早上7点在卧室里准时开始写作。天才商业作家丹·希西"买了一个旧笔记本电脑，删除了所有浏览器和无线网卡驱动程序"，还带着这个"落伍的家伙"去咖啡馆，以避免自己走神。以上是两个极端的例子，你要做的只是找到一个空房间，然后关上门即可。

2. **储存一些食物**。在工作的地方储存一些零食、饮料，将其放在手边，避免离开你的工作环境。如果你不幸遇到正在找你聊天的人，那么就算去喝一杯咖啡，也有可能毁掉高效的一天。

3. **关掉隐形的"地雷"**。关掉你的手机、电子邮箱和浏览器，你的优先事务需要你全部的注意力。

4. **赢得支持**。告诉那些很可能要找你的人自己正在做的事情，以及你什么时候有时间。其他人一旦知道了你的计划以及你方便的时间，就会主动配合了。

最后，如果你预留时间的过程是一场拉锯战，就问问自己：为了保护我的预留时间，我每天要做的最重要的一件事是什么？如果我完成了这件事，其他事情会不会变得更简单或没必要了？

建议

1. **把点连成线**。只有将目标与当下的现实联系在一起，你才有可能成功。挖掘自己的目标，让它变得明确，以确定自己的优先事务。一旦确定了优先事务，下一步就是去实施。

2. **为优先事务预留时间**。在一天中尽早安排预留时间，而且要安排大块的时间，不要低于4个小时。你可以这样想：如果预留时间在试行中，你的计划能否使自己信服？

3. 不惜任何代价维护预留时间。只有当你下决心说"我要专注于最重要的那件事,其他任何事、任何人都不能让我分心"这句话时,预留时间才能起作用。不幸的是,你的决心不能阻止来自他人的干扰,所以你要保持坚定,并创造性地应对干扰。你的预留时间是自己每天最重要的约会,因此无论如何都要不惜代价维护它。

成大事者不是在拉长工作时间,而是在有限的时间内做得更多。

你必须明白,预留时间很重要,高效地预留时间也很重要。

16 三个承诺

> 总将最好的一面展示出来的人，从不会后悔。
>
> ——乔治·哈拉斯

通过预留时间的办法达到理想效果需要三个承诺。第一，必须抱着追求精通的心态。精通就是做最好的自己。如果你希望获得最佳的效果，就必须努力付出。第二，要不断寻找最佳的解决方案。令人最沮丧的事情莫过于自己尽最大努力却无法达到最好的结果。第三，对自己为完成最重要的一件事所做的一切负责。将这三条铭记于心，通过奋斗以达到卓越。

有关最重要的一件事的三个承诺：

1. 达到精通

2. 从"E"变成"P"

3. 遵循问责周期

1. 达到精通

"精通"这个词我们不常听到，但它其实非常重要。乍一看它很让人害怕，但如果把精通当作通往成功的必经之路而非目的地，我们就不会感到它遥不可及了。多数人认为精通是一个结果，但从根本上来说，精通是一种思维方式、行事方式以及经历。若你选择精通某事并不断追求，那么其他事情就会变得简单或不重要了。这也是选择精通的事很重要的原因。

由此可见，精通在你摆放多米诺骨牌时起着关键作用。

对于精通的客观看法是，你必须在最重要的工作中做到最好。这是一条没有尽头的路，在这条路上要不断地学习从初级到高级的经验和技巧。你可以这么想：空手道白带学员也知道黑带的一些技巧，他们只是练得不够多，做不到像黑带学员那么好。黑带学员在黑带阶段的创新来自对白带阶段的基础的精通。因为你需要不断追求更高的水平，精通实际上就是精通你已经掌握的，以及学习你不知道的。也就是说，我们精通的是已经过去的事情,而要学习的则是将来的事情。这就是为什么说精通是一段旅程。亚利克斯·范·海伦说,每天晚上他出去玩的时候,他的兄弟埃迪就坐在床上弹吉他。几个小时后他回来,发现埃迪还在那里练习。这就是精通之路,这条路永无止境。

1993年,心理学家K.安德斯·埃里克松在《心理学评论》上发表了文章《刻意训练对精通某技巧的影响》。这是一篇有关"精通"这个概念的经典文章。它证实,专家并非天赋异禀,他们也不是天才。埃里克松让我们首次深入地了解到精通的含义,并且提出了"一万小时定律"。他的研究成果揭示了成为精英普遍需要的练习时间。研究表明,一流的小提琴演奏家在20岁之前比其他琴童多练一万小时的琴,这就是"一万小时定律"。许多天才花了10年走完了他们的路程,如果你算一下,这需要平均每天做三小时的练习。现在,如果你每年有250天在工作(5天一周共50周),为了让自己在追求精通的道路上稳步前行,你每天至少要花4个小时在你认为的最重要的那件事上。听上去很熟悉吧?这并非偶然,这正是你每天要为最重要的一件事留出的时间。

最关键的一点在于,你对某种技能的精通程度会随着时间的投入而不断提高。米开朗琪罗说过:"如果人们了解我为了达到高超的水平而付出的努力,就不会感到美好了。"他的观点很明确。开始一项任务,不断重复练习,最终达到炉火纯青的程度。

当你为自己的优先事务预留时间时,要确保持有追求精通的心态。这会让你以最高的效率工作,最终成为最优秀的人。这一点很有趣,你的效率越高,就越有可能收获目标以外的硕果。可见,追求精通常有意想不到的收获。

在追求精通之路上,不论是你的自信心还是你获得成功的能力都会与日俱增。你会发现,追求精通与其他追求并无差异。最让人惊喜的是,你若将追求精通的方法当成一个平台,那么将提高做其他事情的速度。知识产生知识,技能培养技能。这样,未来的多米诺骨牌才更容易被推倒。

精通是一种不断付出的追求,因为它是一条没有止境的路。乔治·伦纳德在《如何把事情做到最好》中讲述了柔道创始人嘉纳治五郎的故事。嘉纳治五郎在弥留之际将他的学生叫到身边,嘱咐学生要让他穿着白带的服装下葬。这意味着柔道界造诣最高的大师更愿意以初学者的身份来象征自己的一生,因为学无止境。预留时间对于精通非常重要,它们手拉手前行,当你做到其中一点时,你也做到了另一点。

2. 从"E"变成"P"

在给顶级执行者做培训的时候,我常常会问:"你们做这一行是因为它是你们最擅长的,还是为了做到最好?"尽管问题不难，但他们也无法立刻回答上来。许多人意识到，尽管他们付出了所有努力，也没有把事情做到最好，因为他们不愿意改变自己做事的方法。达到精通需要你尽自己最大的努力，并尽力做到最好。不断改进你的做事方式，才能从预留时间中获得最大的价值。

这就叫从"E"变成"P"。

我们可以用两种方式开始新的一天：活力四射（entrepreneurial）或者目标明确（purposeful）。前者是我们通常都会采取的方法——看到想做的事情或者需要做的事情，就会精神百倍地将它完成，无论这个任务是什么。所有的自然能力都是有"天花板"的，包括所得、效率和成功。把锤子交给一些人，他们立刻就会变成木匠；给我一把锤子，我肯定不能成为木匠。也就是说，有些人不怎么练习就能把锤子用好，但有些人（比如我）就不行。如果你的努力与结果是成正比的，就请继续前行。但当你在做最重要的那件事时，它的难度很大，这就需要另一种方法——目的法。

高效的人不会接受存在局限性的方法。当遇到限制时，他们就会寻找新的思路和方法。他们会暂停下来，确认自己的选择，一旦他们选择了最好的路，就会坚持不懈地努力。让一个"E"型人去砍一些柴火，他会扛着斧头径直走进树林。但是，"P"型人可能会问："哪儿有电锯？"在他们的思维中，一个人可以超越自身能力取得突破、完成任务，你只

活力四射

"自然地去做"

成功的"天花板"

E

1. 失望　　3. 更好的职位
2. 放弃　　4. 循环继续

目标明确

"不自然地去做"

P

成功的"天花板"　　局限

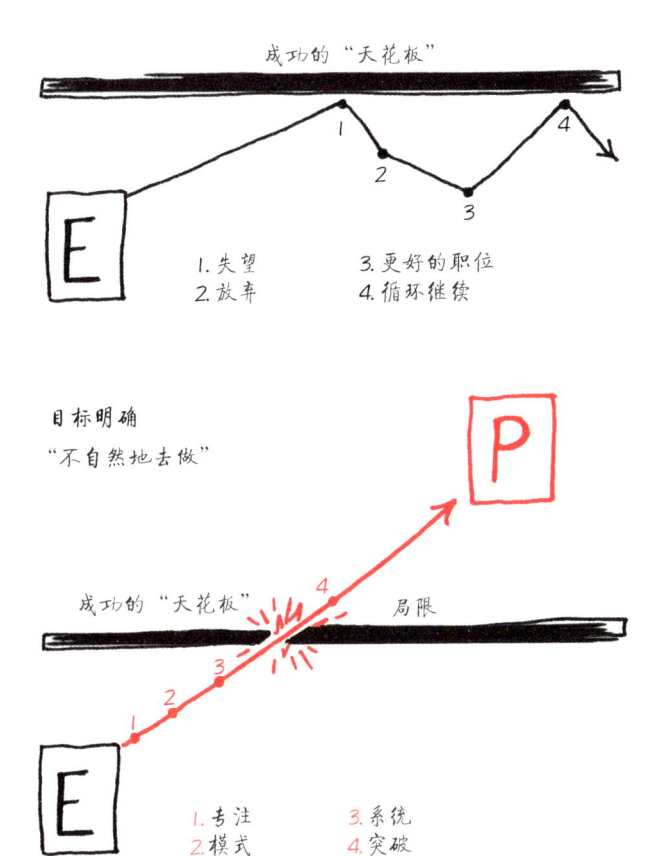

E

1. 专注　　3. 系统
2. 模式　　4. 突破

图 31　从长期来看，"P"每回都能打败"E"

需全力以赴。

如果你希望在生活中实现突破，你就不能给自己要做的事情套上枷锁。在精通之路上，你会发现自己在不断挑战新事物，你应该拥有开放的心态，欢迎新观点、新方法。目标明确的人仅有一条原则，即"不同的结果需要不同的过程"。将这个原则作为自己的座右铭，你的人生或许就会有所突破。

很多人都是这样：达到一定高度后便停滞不前。为了避免这种现象，我们在精通之路上要不断提高标准，不断挑战自己并打破限制，永远拥有学徒的心态。这就是身兼作家和记忆冠军的乔舒亚·福尔所谓的"OK 高原"（OK Plateau）阶段。他用打字这个例子进行解释。如果只有练习时间是重要的，那么在我们的工作生涯中，我们需要打出成百上千份备忘录和电子邮件，这样打字速度会从小鸡啄米一般上升到每分钟 100 词。但事实并非如此。我们只是达到了普通的程度，然后就不再学习了。我们用"自动驾驶"模式飞行，就会遇到最常见的成功的"天花板"，即"OK 高原"阶段。

当你追寻成功、完成优先事务时，绝不能接受"OK 高原"阶段或者其他形式的成功"天花板"，打破瓶颈只有一种方法——"目的法"。

无论在工作还是生活中，我们刚开始都很有冲劲儿，会倾己所能，竭尽全力。使用"E"方法达到目的会很舒服，因为这个过程很自然。这就是我们目前的状态和喜欢使用的方法。

但它是有限制的。

如果"E"是我们唯一的方法,我们就是在为成功人为地制造限制。如果我们使用"E"方法,然后到达了成功"天花板",我们就会一次又一次碰壁,但永远无法超越。这种状态导致我们无法忍受失落,最终另寻他路。当我们认为自己已经发挥了最大潜能,考虑如何前进时,这个问题就变成一种恶性循环——在做下一件事时又重新焕发热情和努力,之后再次碰到"天花板"、再次失望、再次放弃,然后又转向他方。

若使用"P"方法去面对同样的限制,情况或许会不同。目的法意味着:"我仍然希望不断上升,那么我有哪些选择?"这样你就可以通过聚集问题的方法把选择面变窄,直到确定接下来要做的事情。它可能需要使用新模式、新系统,或者两者都用。这些步骤的实施需要新思维、新技巧,甚至新关系。刚开始你会不太习惯,但没关系。目标明确常常会让你感到不自然,但当你达到目标时,就会发现这也没什么。

当你拼尽全力做事但结果却不尽如人意时,你就应该抛弃"E"方法并启动"P"方法。你要寻找更好的模式、系统和方法,它们会把你带得更远。此外,使用新思维、新技巧和新关系帮助你行动。在预留时间段里变得更有目的性,你的潜能才会被激发出来。

3. 遵循问责周期

所做与所得之间有着不可否认的联系。行动决定了结果，结果又充实了行动。责任感及反馈回路可以让你发现自己必须做的事情，并获得最好的结果。这就是为什么要强调责任。

对结果负有全部责任，坚信只有自己才能对它们负责，这是成功最强大的动力。如此一来，责任就成了三个承诺中最重要的一个。没有它，一旦遇到挑战，通向精通的道路就会变窄。没有它，你就无法想出打破限制的方法。善于反思的人会在困境中坚持，吸取教训，不断向前。他们注重结果，也从不担心与这项工作无关的行动、技巧层级、模式、系统或者关系。他们毫不保留，总是展现出自己最好的一面。

有责任感的人可以使梦想成真。

一个人既可以成为自己生活的缔造者，也可以成为它的牺牲品。你只有两个选择——负责还是不负责。这听上去有些残忍，但确实是真理。每天我们都会选择其中一种，其结果会跟随我们一生。

为了表明其中的差异，我们来看下面的例子。有两位经理，他们来自相互竞争的两家公司，并且都经历了市场的巨大转变。一个月之内，不断有客户离开，到最后甚至无人光顾了。对此，这两位经理的反应完全不同。

有责任感的经理会立刻想到："这是怎么了？"然后着手调

有责任感

发起行动 ⑤ "好吧，让我们做吧！"

找到解决方法 ④ "我能做什么？"

承认现实 ③ "如果必须找到责任人，那么这个人就是我。"

认清现实 ② "事实就是这样。"

寻找现实 ① "发生什么事了？"

生活现实

回避现实 ① "别提问。"

和现实对抗 ② "我没看见。"

抱怨 ③ "要是每个人都尽职尽责就好了！"

找借口 ④ "这不关我的事。"

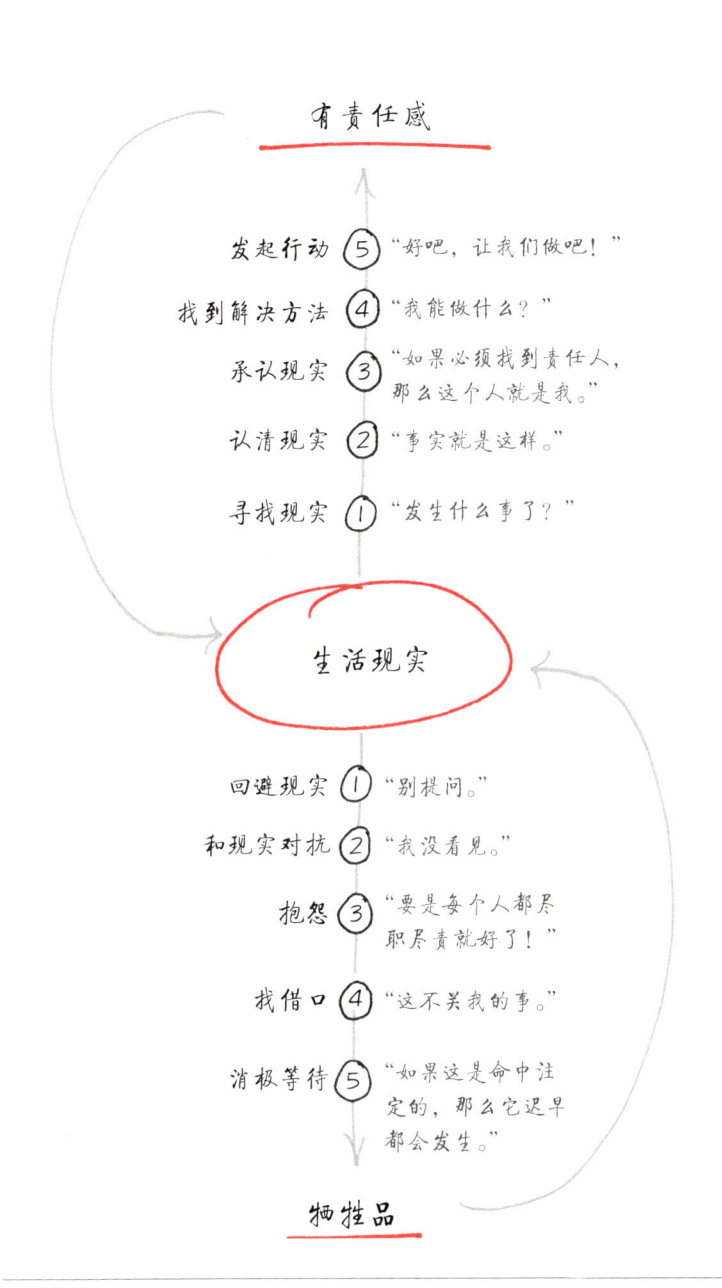

消极等待 ⑤ "如果这是命中注定的，那么它迟早都会发生。"

牺牲品

图32　不要做牺牲品——遵循问责周期！

三个承诺　175

查。缺乏责任感的经理承认发生的一切，但他认为这些都是偶然发生的小事，他只是把这些事抛在脑后。有责任感的经理发现了竞争对手抢夺并吞噬市场的方法，然后主动去解决问题。他认为："我要对此负责。"善于化解危机让他有了巨大的优势，这让他开始考虑是否要采取不同的行动。

缺乏责任感的经理则疲于应对，他把责任推给他人，并且认为："如果公司里的同事好好干活，我们就不会出现这种问题。"

有责任感的经理会寻找解决方案，更重要的是，他认为自己就是解决方案的一部分："我能做什么？"一旦找到正确的策略，他就开始行动。他认为："形势不会自己变好，因此我们要努力应对！"指责所有人后，缺乏责任感的经理开始为自己开脱："这不关我的事。"他只是希望事情能自己变好。

如此看来，双方的区别非常明显：一方积极主动地把握自己的命运，另一方只是消极等待。一方有责任感，另一方则是生活的牺牲品。一方会改变现状，另一方则不会。

确实，"牺牲品"是一个很重的词。请注意，我们在讨论一种态度，而非某个人，尽管时间久了两者就会合二为一。没有谁天生就是牺牲品，这只是一种态度或方法。但如果坚持下去，负责任就会成为你的一种习惯。任何人在任何时候都可以担负起责任。你越是选择负责任，它就越有可能成为一个人面对困境时自然而然采用的方法。

成功的人很清楚自己扮演的角色。他们不怕面对现实，他们寻找它、承认它、拥有它。他们懂得，这是寻找和使用新方案、应对现实的唯一方法，他们承担起责任，并与它同行。他们看到结果并吸取教训，从失败中学习，再创卓越。他们理解并应用这样一个周期，最终取得非凡成就。

在生活中最快学会负起责任的方法就是找一位与自己一起负责的人，比如你的人生导师、朋友等。不论哪种情况，最关键的是组建这种责任关系，给对方说出实际情况的权利。他要对你的表现给出真实、客观的评价，不断提出期望，在关键时刻进行头脑风暴，并给你提供专业知识。一旦建立起这种关系，效果便会渐渐显现出来。

之前，我讨论了盖尔·马修斯博士的研究：你所写下的目标比未写下的目标的完成比例高出了39.5%。但这个故事还有更多细节——那些把目标写下来，并且给朋友发送进度报告的人更有可能实现目标，这一比例高达76.7%。可见，和朋友不断分享自己的目标进度也会提高自己的效率。

因此，负起责任很重要。

埃里克松对精通的研究确认了精通与训练之间的关系。他认为："门外汉与精通者之间最重要的区别是，精通者在未来更愿意寻找相关的老师来指导他们，而门外汉则很少做类似的练习。"

一位有责任感的合作者有利于帮助你提高效率。他们会让你保持诚实，并且一直走在正轨上。他们对你下一个进度报告的期待可以激励你做得更好。在理想状况下，人生导师可以指导你将自己的表现最大化，这也是你做得最好的原因。

这种训练将通过三条承诺帮助你实现目标。在精通的道路上，在从"E"到"P"的过程中，在遵循负责周期中，人生导师是非常宝贵的。事实上，任何一位成功人士在人生的关键时刻都有某位导师的帮助。

亡羊而补牢，未为迟也。专注于卓越的成果，你将找到一位人生导师帮助你抓住最佳机遇。

建议

1. 做到最好。只有当你在最重要的工作中表现得最好、做到最好时，才会产生卓越的成果。实际上，这就是精通之路。因为精通需要时间，所以你需要严守承诺去实现它。

2. 对优先事务目标明确。要从"E"变为"P"，寻找能把你带向最远方的模式或系统，不要被环境所局限，对新思维、新技巧、新关系敞开怀抱。如果精通之路是承诺做到最好，那么目标明确就是你应采用的最佳方式。

3. 对自己负责。若想成功就不能做生活的牺牲品，只有对自己负责才能成功。所以，不要以乘客的眼光而是要以司机的角度来看待问题。

4. 找到一位人生导师。几乎所有的成功人士都有人生导师。

记住，我们不是在说普通结果，而是要追求卓越。当我们为最重要的一件事留出时间、保护这些预留时间，并且尽最大努力在预留时间内高效工作时，你一定会达到最高效率。你将在人生最重要的那件事中发现勇气与力量。

17 四个小偷

> 专注就是决定什么事情不要去做。
>
> ——约翰·卡马克

1973 年,一组神学院的学生在未知情的情况下参加了一项叫作"慈善的撒玛利亚人"的实验。这些学生被分成了两组,研究人员观察他们在何种情况下会帮助陷入困境的陌生人。一些同学被告知要准备一个演讲,是关于神学工作的;另一些则被告知要谈论"慈善的撒玛利亚人"这个典故,它出自《圣经》,是一个关于助人为乐的故事。每组学生中,都有一些人被告知他们迟到了,必须赶紧到达目的地,而另一些人则被告知时间充裕。学生们不知道的是，研究人员已经在路上安排了一些人——他们中有人倒在地上或者咳嗽，有人则显得病恹恹的。

最终，只有不到一半的学生会停下来救人，但关键环节不是救人，而是救人的时间。有90%匆忙赶路的学生没有停下，其中有些人因为太匆忙甚至从需要帮助的人的旁边跨了过去。50%的人匆忙地赶去谈论撒玛利亚人的故事，对眼前的事视若无睹。

现在想想看，如果连神学院的学生都那么容易就放弃他们认为真正重要的事情，那么我们就可以避免吗？

很显然，我们也一样。就像你会被6个谎言欺骗、误导，有4个小偷也会降低你的效率。而且，只有你自己可以阻止这些小偷。

降低效率的4个小偷

1. 不会说"不"
2. 害怕混乱
3. 糟糕的健康习惯
4. 逆境

1. 不会说"不"

有人曾经告诉我，一个"是"的背后有1 000个"不"。在我事业的初期,我完全不理解这个道理。现在,我理解了。不会说"不"会分散你的注意力、抢走你的时间。所以,保护自己的既定承诺并保持高效的方法,就是对任何会分散你的精力的人或事说"不"。

当你集中注意力的时候,会有朋友来询问你的意见、寻求你的帮助,有同事希望你加入他们的团队,陌生人会请你伸出援手……邀请和干扰源源不断。处理它们的方式决定了你在最重要的那件事上花费的时间,以及最终的成果。

所以,<u>当你决定去做某件事以后,就需要明白你应对什么说"不"</u>。电影《乱世佳人》的编剧西德尼·霍华德建议:"你若想要明白自己需要什么,就要明白自己必须放弃什么。"由此可见,取得成功的最佳方法是从小处着手。一旦你从小处着手,就要说很多的"不",这比你想象的要多。

没有人比乔布斯更明白细节的作用。作为苹果公司的创建者,他曾放弃过一些产品。1997年,他回归苹果公司,两年间他将公司的产品数量由350个降为10个。也就是说,他要拒绝340次,更不用说在这个过程中需要拒绝的其他建议了。在1997年MacWorld软件开发者大会中,他解释说:"说到专注,你以为就是说'是',其实恰恰相反,专注是说'不'。"乔布斯的这句话基于他的卓越成就,他明白只有一条路可以到达目的地。可见,乔布斯是一个会说"不"的人。

通常情况下,回答"是"的艺术与说"不"很相似。同所有人说"是",就等于对所有人说"不"。每多一份工作,你在每份工作上的效率就会降低一些。因此,做的事情越多,就越不容易成功。你不可能取悦所有人。事实上,在做这类尝试的时候,最不可能取悦的大概就是你自己。

记住,对自己的长远目标说"是"才是重要的。只要记住这一点,对其他干扰项说"不"就容易了。

但是,应该怎样说呢?

很多人在说"不"的时候,内心都会有不同程度的挣扎。其中有很多原因,例如想帮助别人,不愿伤害他人,想给他人留下关心体贴的好印象,不想显得麻木不仁。我们可以理解这些原因,因为被他人需要也是一种幸福,帮助他人也会产生很强烈的满足感。因专注于某个目标而排除他人(尤其是我们最在乎的人的干扰)会让你产生内疚感(觉得自己太自私),其实你没有必要这么想。

营销大师赛斯·高汀说:"你可以尊敬地拒绝,你可以得体地拒绝,你可以在拒绝的同时建议他们去找能够说'是'的人。如果你答应了,那么原因仅仅是你无法忍受拒绝带来的短期痛苦,并不是它有利于自己的工作。"高汀说得对,我们可以采用双方都接受的方式来拒绝。

当然,不论什么时候,当你需要说"不"时,都可以直白地说出来,这没有问题。这也是你的首选。但如果你感到自己应该以委婉的方式拒绝,也有很多方法可供选择。

你可以向他们提问，引导求助者去别处寻找帮助。你或许不知道他们该怎么办，但你可以轻声细语地劝他们去想办法。你可以礼貌地引导他们去寻求他人的帮助，找到那些更擅长帮助他们的人。

如果你确实说"是"了，也还有很多表达的方法。也就是说，你需要平衡自己说"是"的次数。如果没有这种战略思维，服务台、支持中心和信息资源就不可能存在。预先印好的脚本、常见的问题、书面解释、书面指导、公开信息、核对表、目录、事先定好的训练课程……所有这些都是有效回答"是"同时又避免花费自己的预留时间的方法。我的第一份工作是销售经理，从那时起我就开始这样做。我利用培训的机会，把过去常被询问的问题打印或记录下来，编辑成一本手册，这样我的团队成员都可以看到，我忙的时候他们就可以参考这本手册。

我学到的最重要的一课就是要按照一定的哲学和方法规划空间。渐渐地，我总结出了"三英尺定律"。当我尽可能地伸开一只胳膊时，从脖子到指尖的距离大概是三英尺（将近1米）。在这个范围内，我限制自己去拿随手可得的东西。这个定律很简单：所有的需求都要与我的终极目标有关。若无关，就要用我上文所说的各种办法去排除干扰。

学会说"不"并非是一个成为隐者的秘方，恰恰相反，这是获得最大自由与灵活性的方法。你的才华和能力为资源所限，你的时间也不是用不完的。因此，如果不把时间花在最重要的那件事上，生活很可能就会变成你不希望看到的样子。

《乌木》杂志在 1977 年时刊登了喜剧演员比尔·考斯比对效率"小偷"的总结。在打拼事业时，他听到一些人的建议并牢记于心："我并不知道成功的秘诀，但失败的关键是因为你想取悦所有人。"这个建议十分有用。如果不懂得拒绝，就没有办法对自己的终极目标说"是"。非此即彼，我们需要做出判断。

卓越的成就可能会到来，只要你对终极目标多说"是"，而且不要惧怕说"不"。

2. 害怕混乱

在追求卓越的过程中有一个令人不快的因素：不整洁、混乱。当我们不知疲倦地工作时，杂乱的事物会自动占据我们的空间。

当我们专注于最重要的一件事时，混乱是不可避免的。在我们处理最重要的工作时，世界还在运行。当你为优先事务倾注心力时，世界也在高速运转着。不幸的是，世上没有暂停键或停止键，我们不能故意将生活节奏放慢。

影响效率的最大因素是你不愿看到混乱，或者说不愿意用创新的手段处理它。

专注于某一点一定会导致你无法做其他事情。虽然这正是问题的关键，但它不会自动地让我们感觉更好。总有一些人或事虽

> 如果说一张凌乱的桌子就代表着凌乱的思维，那么空无一物的桌子又代表什么呢？
>
> ——阿尔伯特·爱因斯坦

不是优先事务，但他或它依然很重要。你能感觉到这些人或事需要你的关注，似乎总有未完成的工作在你的周围吞噬着你的注意力。你的时间就像潜艇，对优先事务投入得越深，你所承受的压力就越大。这就像微弱的气体泄漏最终也会导致爆炸一样。

当这种事发生时，当你屈服于外界的压力时，这对你而言是一种释放，但对效率来说，它就是小偷！

当你为成功奋斗时，混乱也会出现，而且你生活的其他方面都会混乱，其程度与你投入优先事务的时间成正比。你要做的就是接受，而非反抗。奥斯卡金像奖得主弗朗西斯·福特·科波拉警告我们说："你在大张旗鼓或充满激情时所做的任何事都会招致混乱。"所以，你应习惯混乱，并克服混乱。

在每个人的生活和工作中，总有些事是无法被忽视的，例如家庭、朋友、宠物、个人信仰或者重要的工作项目。在任意时间段里，你都可能被一些因素影响。我们不能让时间停止，那该怎么办呢？

就这个问题，我被问过很多次。每当我在演讲结束时，一些人就会举手发问："作为一个单亲家长，我该怎么办？我要养活年迈的双亲，该怎么办？我有很多必做的事情，该怎么办？"这些问题很普遍，下文就是我的答案。

你可以根据自己的实际情况去安排时间。每个人的情况都有其特殊性。根据你在生活中扮演的角色，你可能有年迈的双亲、年幼的孩子，你可能会在任何一个地方度过你的预留时间，一天之内属于你自己的时间只有几小时。你可能不得不寻求他人的支持或帮助，从而保护自己的预留时间。但是，你不应成为周围环境的牺牲品，不要告诉自己："我就是做不到。"

> 智慧的艺术就是忽略的艺术。
> ——威廉·詹姆斯

我母亲常说："你要为自己的极限辩护，并保持这个习惯。"但这个代价是你承受不起的。应该采取行动，解决问题。

每天专注于最重要的那件事，卓越的结果最终会到来。那时候，你就有能力和机会处理这种混乱的情况了。因此，不要让它降低了自己的效率。不要害怕混乱，学会与它共处，相信你在最重要的一件事上的专注会让自己克服这些困难。

3. 糟糕的健康习惯

想想看，如果你不照顾好自己的身体，结果会是什么呢？这的确是一个问题。我曾经与间质性膀胱炎（你都不想知道这是什么病）的后遗症抗争，我的腿经常发抖，我因服用他汀类降胆固醇药物而全身乏力。我的身体机能和注意力集中程度严重下降，克服这样的挑战对我来说十分艰难。于是我决定改变我的健康习惯。之后，我发现，个人精力管理不善是效率的沉默杀手。

不断透支体力，其结果不是你的能量慢慢消失，就是过早地耗尽所有的能量。这种情况很常见。如果人们不理解优先事务的作用，他们就会尽量多做，但因为这不是一朝一夕的事，结果就是他们最终和自己签下了一个恐怖的合约：用健康换取成功。他们熬夜，不按时吃饭或者吃得不好，完全不运动，这会导致体能下降，健康和家庭生活成了默认的牺牲品。为达到目标，他们用健康做赌注。但这个方法不仅不利于工作，而且很危险，毕竟一旦失去健康，你便失去了一切。

成功需要投入足够的精力，关键是如何拥有充沛的精力并加以保持。

请把你自己看作精密的生物机器，考虑一下自己的日常体能计划，并且通过冥想和祈祷来积蓄力量。在一天的开始，你就要把这一天与你的长期目标相结合，把你的想法与行动相结合。然后去吃早餐，以储存体能：一顿营养丰富的早餐能为你一天的工作提供能量。没有能量，你就无法坚持工作。找出健康的饮食方案，然后制订个性化的饮食计划。

积蓄能量后，你要多做运动来释放压力、强健身体。健康对于维持高效很重要。如果你只有很少的时间来运动，最简单的方法就是带一个计步器。一天结束的时候，如果你仍未走满一万步，就把一万步作为睡前锻炼的优先事务。这个习惯会改变你的生活，让你变得更有活力。

今天，如果你还没有与你心爱的人共进早餐，那就赶紧去做吧。你们要拥抱、交谈、大笑。你会记起为什么自己这么努力而高效地工作。有了情感上的动力，你就会充满信心与力量，因为情感支持能够使人内心愉悦，勇往直前。

拿起日历做计划。确定你知道最重要的一件事是什么，确定这些事情都会完成。看看你要做的，评估一下完成这些事需要的时间，然后计划自己的时间。明白自己必做的事以及怎样按时完成，能够为你带来最大的精神动力。规划自己的时间，清空自己杂乱的思想，不要一直担心那些做不完的事情。只有为卓越的成果预留时间，它们才有机会出现。

当你工作时，专注于你的优先事务。如果你像我一样，早晨有要做的重要事务，你就腾出一个小时先做完。不要虚度时光，不要放慢速度。把工作台打扫干净，开始做最重要的事情。中午休息一下，吃午饭，在一天结束时可以把注意力转移到琐事上。

最后，晚上睡够8个小时。在重新启动前，强大的引擎需要冷却和休整，人也一样。睡眠能让你的身体和思维都得到休息，这样明天才能继续保持高效率。那些你知道的睡得很少却做得很好的人，要么是怪人，要么隐瞒了真实情况。不论是哪一种情况，他们都不是你学习的榜样。每天在固定的时间上床睡觉，且绝不食言。如果你坚持固定的起床时间，那么你就不会长时间熬夜，最终会正点上床。如果你认为自己有很多事要做，那么就停下来吧，返回这本书的开头，从头看起。很显然，你错过了一些内容。当你把良好的睡眠与成功联系起来时，你就有足够的理由早睡早起了。

高效能人士的每日能量计划

1. 冥想、祈祷，让自己有充足的精神动力。
2. 吃好，多锻炼，睡眠充足，让自己体力充沛。
3. 与心爱的人拥抱、接吻、大笑，拥有情感动力。
4. 确立目标、制订计划。
5. 为最重要的一件事留出时间，充实自己的商务动力。

下面是该计划之所以高效的秘密：如果你在清早起床后为自己注入活力，那么这一天你都会充满活力地去工作。我们并不需要达到完美，但每天都要保持能量充足。如果你可以保持高效率到中午，那么下午和晚上你也会有很高的效率。这就是正能量的功效。一日之计在于晨，规划清晨的那几个小时是取得成功的最简单的方法。

4. 逆境

在我的事业发展的初期，一位有两个正处于青春期的小孩的母亲坐在我面前哭泣。因为她的家人告诉她，他们愿意支持她开创新的事业，但是饮食、用车，以及与整个家庭有关的一切都不容改变。她刚开始答应了，后来她发现这么做十分愚蠢。我听着，忽然意识到我发现了一个窃取效率的小偷，很多人都忽视了这一点。

这就是，我们的环境必须有利于目标的实现。

你的环境就是每天你所见到的人与经历的事。如果你很熟悉周围的人，环境很舒适，你非常有安全感，甚至认为理所应当，但是你应当注意，在任何时间中的任何人和任何事都会成为"江洋大盗"，把你的注意力从最重要的事情中分散出来，在你的眼皮底下偷走你的效率。为了达到卓越的标准，你周围的人以及环境都要有利于你的目标的实现。

没有人可以独自生活或工作。每一天，你都与其他人产生关联，并受到他们的影响。毫无疑问，这些人影响着你的态度、健康，以及你的行为表现。

你周围的人或许比你想象的更重要。与他们合作，你就要接受他们的某种态度。从同事到亲友，如果他们普遍不太满意你的工作或对此不闻不问，那么他们的消极态度多少会影响到你，因为态度是会传染的。你可能认为自己很强大，但没有人可以强大到永远不受消极态度的干扰。因此，多和充满正能量的人在一起。消极的态度会"偷"走你的能量、努力和决心，支持你的人会鼓励你、帮助你。与有成功信念的人为友，会产生被研究人员称为"成功向上螺旋"的现象——你会渐渐找到自己的方向，最终走上正确的人生之路。

此外，你经常与谁在一起也会极大地影响你的健康习惯。哈佛大学教授尼古拉斯·克里斯塔基斯以及加州大学圣迭戈分校副教授詹姆斯·富勒写了一本书——《大连接》，着重讨论我们的社交圈如何影响我们的生活。实际上，人际关系与药物使用、失眠、吸烟、饮酒、饮食甚至幸福感密切相关。例如，2007年的研究表明，如果你的好友中有一人肥胖，那么你变肥胖的概率就增加了57%。这是为什么呢？我们看到的人往往会为我们设定合适的标准。

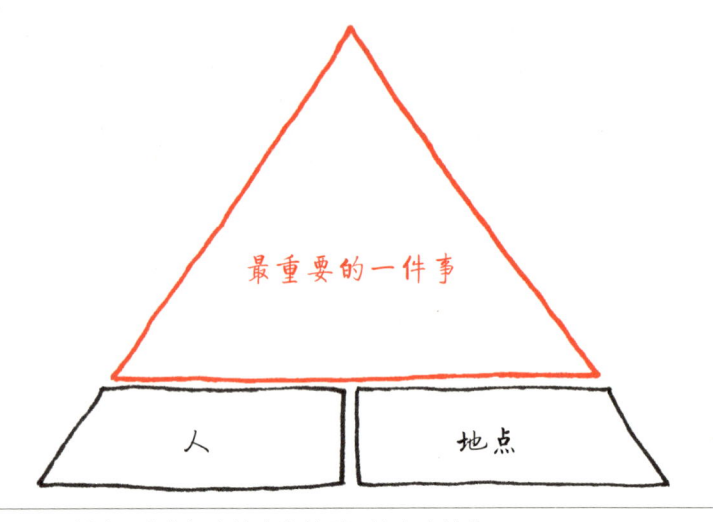

图33　创建一个能提高效率的特别环境来支持你

你的想法、行动甚至外表都开始与你的朋友趋同，但影响你的不仅是他们的态度和健康习惯，还有他们的成功。如果你周围都是成功人士，他们的成就也会影响你。一篇发表在心理学期刊

《社会发展》上的研究报告显示,在将近500个学生中,"与较优秀的学生有良好关系的人在成绩上都有明显进步"。另外,那些与优秀学生成为朋友的人会在学习动力与学术表现方面获益。与那些寻求成功的人在一起,不但会强化你的动力,还有助于改善你的表现。

> 确保你身边都是能让你得到提高的人。
> ——奥普拉·温弗瑞

你的母亲会提醒你注意交友对象,她是对的。交友不善很可能会降低你的效率,但益友则相反。<u>没有人会独自取得成功。注意观察你周围的人,让他们支持你,为你指明方向。</u>你生命中的很多人都会影响你,这种影响或许比你想象的大得多,你要尽可能去寻求正向的影响。

如果建立良好环境的第一要素是人,那么地点的作用一点儿也不逊色于它。如果物理环境不佳,你的起点也就低了。

我这样说似乎太过于简单了,但为了实现终极目标,你必须明白,物理环境很重要。如果环境中充满让人分心、不安定的事物,你就很可能在一些不该做的事情上花费大量时间,前进的道路也会受阻。想象一下你在减肥的日子里走过一个用糖果做成的走廊是什么感觉。有些人很容易抵制住诱惑,但大多数人会边走边吃。

周围的环境要么会让人朝着目标前进,要么会起到反作用。在起床后直到你开始按计划工作的这段时间决定了你能否实现计划、什么时间实现以及是否做好了下一步的准备。你可以尝试一下，沿着你习惯的路径走，屏蔽所有的效率"盗贼"。对于我来说，家里的干扰因素就是电子邮件、早报、早间新闻、邻居遛狗的声音。这些本来并不是坏事，但我已下定决心，首先完成优先事务。因此，我很快地回邮件，并且关上电视。我明白，只有成功地清除障碍，才能逐渐接近成功。

不要让环境引你误入歧途。物理环境很重要，周围的人也很重要。不利于实现目标的环境就是一个偷走效率的"江洋大盗"。演员莉莉·汤姆林曾经说："成功之路总是在被破坏中。"所以，我们要专注于终极目标和优先事务，在合适的地点与合适的人一起开辟道路。

建议

1. **学会说"不"**。永远记住，对一些事说"是"的时候，就意味着你已经对另一些事说了"不"。要遵守承诺。学会直率或委婉地拒绝其他要求，对分散你的注意力的事情说"不"，这样就没有什么可以阻止你去做那一件最重要的事了。学会拒绝能够解放自己，这就是为优先事务留出时间的方法。

2. **接受混乱**。若要完成优先事务就必须让其他事情退后。混乱就像陷阱，会在前进的道路上给你设置障碍。混乱是不可避免的，学会与它和睦相处吧。

3. **管理自己的能量，不要牺牲自己的健康**。身体是一个精密的仪器，一旦损坏，修理成本就会非常高。管理自己的能量很重要，只有如此，你才有精力去做最重要的事，从而实现你的目标，过你想过的生活。

4. 对自己的环境负责，确保周围的人和环境有利于目标的实现。正确的人和物理环境会支持你专注于自己的优先事务。当两者皆与优先事务相关时，它们会为你提供乐观的人生态度和物质支持，帮助你实现最终目标。

剧作家利奥·罗斯滕曾说："我认为人生的目的不是幸福，而是做一个有用、有责任心和常葆激情的人。最重要的是去做事，让世界因你而改变。"所以，你应该有目的地生活，为优先事务而生活，高效地生活。

18 生命的旅程

> 不积跬步，无以至千里。
>
> ——荀子

"一次只走一步"，这句话听起来是老生常谈，但确实是真理。不管你的目标为何，终点在哪儿，只要是你想实现的，通往它们的旅程都是由一小步开始的。

这一步就叫作"只做一件事"。

从现在开始，来做些什么吧。闭上眼睛，将你的人生想象得无限大，越大越好，大到你从未想象的地步。你看见了吗？

现在睁开你的双眼，听我说：不管你

看见了什么，都要相信自己有能力阔步前行。

活出无限可能，其实很简单。

我可以和你们分享一个方法：先写下你当前的收入，然后乘以一个数字：2、4、10、20——哪个都行。只要找一个正数，用现在的收入乘以这个数，写下得到的新数字即可。这个结果会不会让你害怕或者兴奋？看一下，然后问问自己："我现在的行动能否让我在未来 5 年内达到这个目标？"如果可以，再将这个数字翻倍，直到你的答案是不可能。

我只是拿个人收入举例而已。实际上，这种思维可以运用在你的精神生活、身体状况、人际关系、职业追求、生意经营，或者任何与你的生活息息相关的事情上。拆掉思维的墙，你就拓展了生活的极限。只有敢想，你才有希望真的过上你想要的生活。

有理想的生活会带来挑战，它不仅要求你敢想，还会要求你采取必要的行动。

若要取得卓越的成果，你就要从小处着手。

尽可能地专注于小事，它能简化你的思绪，让你更清楚自己必须做什么。无论你想得再大再广，只要你清楚自己前进的方向，满足了必要条件，你就会发现，一切成功都得从小事开始做起。多年前，我希望在院子里种一棵苹果树，但我无法买一棵已经成熟的大树。那时候，唯一的选择就是买一株小树苗来种。我的想法很大，但我只能从小做起。我照做了，5 年后我们收获了许多苹果。我敢想也敢做，所以你猜后来又发生了什么？对，我栽种了不止一株小树苗。现在，我已经拥有一个苹果园了。

生活也是这样。一开始，你不可能拥有你想要的生活，你只有很小的可能性，以及栽培它的机会——只要你想栽培它。选择权就握在你的手中。你若选择了更宽广的生活，就必须从点滴做起。审视自己的决定，压缩可能的选项，按轻重缓急排序，做最重要的那件事。从小处着手，找到自己要坚守的那一个目标。

没有什么事会注定成功，但总有些事情——你要坚守的那个目标，会从所有事情中脱颖而出，比其他事情更重要。我不是说只有一件事，甚至永远也只有同一件事，我的意思是，不管何时，最后剩下的只是那一件最重要的事。假如这件事与你的目标相符，也最紧要，那么它将有效地促使你获得最好的结果。

一个行为依赖于另一个行为，一个习惯依靠于另一个习惯，一次成功依仗于另一次成功。只有将多米诺骨牌摆放正确，才会产生连锁反应。一旦开始追求卓越，你就要找到能起杠杆支点作用的那一次行动，以便开启多米诺骨牌效应。连锁反应会让生活踏浪前行，不断发展，这也意味着即使目标就是成功，你也不可能一步登天。坚持每天、每周、每月和每年只做最重要的一件事的见识与动力，就会赋予你拥有成功与幸福的能力。

但一切都不会自然地发生，你必须做些什么，才能实现它。

一天晚上，一名切罗基族的老人与他的孙子讲起了人类内心都会有的一场斗争："孩子，这场恶斗发生在我们内心的两只狼之间——一只狼代表胆怯，胆怯带来了焦虑、不安、不确定、犹豫不前、优柔寡断以及不作为。另一只狼代表信念，信念使我们冷静、坚定、自信、充满热情、果敢、有激情和行动力。"孙子思索了一会儿，乖巧地问他爷爷："那么，哪只狼会赢呢？"这名老切罗基人回答："你喂养的那只会赢。"

> 唯有那些冒险走远路的人才有可能发现他们能走多远。
> ——艾略特

通向非凡成果的旅程都建立在信念之上。只有坚信自己的目标和优先事务，你才能找到最重要的那件事。一旦知道它是什么，你就会充满力量，促使你毫不犹豫地实现它。信念最终带来行动，一旦有所行动，我们就避免了那个会破坏甚至损害我们奋斗目标的东西——后悔。

来自朋友的建议

比起坚持不懈的满足感和不断奔波的成就感，其实还有一个更好的理由促使你每日早起，为你坚持的目标而行动。在通往这个目标的道路上，尽最大的努力去完成最重要的事，才能取得成功。这不仅能使你获得成功与快乐，也会回馈给你更珍贵的东西——没有遗憾。

倘若你能回到过去与 18 岁时的自己交谈，或穿越到未来拜访 80 岁时的自己，你想从谁那里听取建议呢？这是一个有趣的假设。就我自己来讲，我愿意请教年长的自己——这个"我"具

生命的旅程

有更深更广的洞察力，充满了历经人生沧桑的智慧。

那么，一个更年长、更睿智的你会说些什么呢？"过你自己的生活，充实一点儿，别害怕。要活得有目标，永远别放弃。"努力很重要，没有它你永远不可能成功，永远不可能做到最好。成就很重要，没有它你就发掘不出自己真正的潜能。追逐目标很重要，否则你的幸福永远不会持久。忠于自己的信念，过你想过的生活，最终你可以无悔地说"很高兴我去做了"，而不是"真希望我当时做了"。

为什么我会想到这些？很多年前我开始试着思考，我想过的生活应该是什么样子的。我拜访了很多比我资深、比我有智慧、比我成功的人士。我不断地调研、阅读、寻求建议，最终参透了一个简单的道理：<u>我们有很多办法可以去衡量自己的生活是否有价值，但其中最显著的途径就是看看自己是否一生无悔</u>。

生命太短暂，我们没有时间去积压那些本可以做而没有做的遗憾、本能够做而没有做的遗憾，以及本应该做而没有做的遗憾。

在我看来，那些即将走到生命尽头的人最清楚生命的本质。从一开始就想着结局，这样自然很好，这使你不至于目光短浅。但只有在生命的尽头，你才会得出关于如何生活的结论。我在想，当人们一无所有、回顾过往时，反而知道该怎样前行了。内心的声音汇集在一起，振聋发聩，答案再清晰不过了：过你想过的生活，减少在人生终点时的后悔和遗憾。

那么，是哪一种遗憾呢？对我来讲，很少有什么书能让我流泪，但在 2012 年，布罗妮·韦尔的《临终前最后悔的五件事》却做到了。韦尔多年来照顾了许多临终的病人。她问这些人有什么遗憾，结果发现相同的主题一次又一次地出现。五种最常被提到的遗憾依次是："我真应该让自己活得更快乐"——当我意识到快乐生活也是一种选择的时候，却为时已晚；"我应该常和朋友们保持联络"——我没能多陪伴朋友；"真希望我以前有勇气表达自己的想法"——我以前经常闭口不提或者压抑那些难以承受的情感；"真不应该那样辛苦地工作"——我花费太多时间去挣钱而非享受生活，这一切都让我万分悔恨。

而人们认为的最大的遗憾就是："没有鼓足勇气去过另一种生活"——那种只忠于自己的内心，而不是为了迎合别人的期待的生活。这就是人们临终前，排在第一位的遗憾。韦尔写道："很多人对于自己的梦想不够重视，直到临死前才明白这一切都与他们做过或者没做过的选择息息相关。"

并非只有布罗妮·韦尔一个人在观察研究。1994 年，吉洛维奇和梅德韦克在其详尽的研究结论中写道："当人们回顾一生时，那些没完成的事情最让他们感到遗憾……虽然他们做过一些让自己懊悔的事，但最终让他们后悔、受尽煎熬的还是那些没有

> 20 年后，让你觉得更失望的不是你做过的事情，而是那些你没有做过的事情。所以，解开绳索，从安全的港湾出发，扬帆远航吧。乘着风去探索，去做梦，去发现吧！
>
> ——马克·吐温

做过的事情。"

实现梦想,追求富有成效的生活,基于我们对目标和优先事务的信念。

<u>不要在短暂的一生中留下遗憾。</u>

所以,每天你都要去做那件最重要的事。当你清楚最重要的事是什么,那么你的人生也就有了意义。

成功关乎内心

如何才能使你的人生毫无遗憾呢?与追求非凡结果的旅程一样,你首先要有目标、有优先事务、有效率。要将你坚持的那个目标放在最重要的位置,迈出最简单的第一步。

我还是讲一个故事吧,以便让你们更好地理解这一点。

一天晚上,一个小男孩跳上父亲的膝头,悄声地说:"爸爸,我们好久没有足够的时间在一起了。"这位深爱着儿子的父亲明白,儿子说的正是实情,于是他回答道:"你说的对,我真的很抱歉,不过我答应你,我会弥补你的。明天是周六,我们一整天都待在一起好不好?只有你和我两个人!"有了这个计划,儿子满意地去睡觉了,他为第二天能和爸爸在一起而激动不已。

第二天早上,父亲起得比平日还要早。他照例喝着咖啡读晨报。突然,儿子一下子拉下报纸,激动地喊道:"爸爸,我起床啦,我们一起玩吧!"

尽管这位父亲很期盼这一天的开始，但他仍然想喝完咖啡，再读完报纸。这种想法让他有点儿愧疚。他绞尽脑汁，想到了一个不错的主意。父亲拉过儿子，给了他一个大大的拥抱，继而宣布第一个游戏是完成拼图，"做完这个游戏之后，我们就出去玩儿，剩下的一整天都会待在外面"。

他在看报时，发现一则占据整版的广告，上面有一张地球的照片。他飞快地找到那页广告，撕成碎片状，摊在桌子上说："我想看看你花多长时间能拼好这页报纸。"儿子立即兴高采烈地投入其中，父亲便继续埋头读报。

但没过几分钟，儿子又一把拉下父亲的报纸，骄傲地说："爸爸，我拼完了！"父亲一下子就惊呆了。摆在他面前的正是那幅地球的照片——齐全、完整，没有任何一块缺失。父亲开口问，声音里夹杂着讶异与骄傲："你怎么能那么快完成？"

小男孩一脸开心："很简单啊，爸爸！一开始我都打算放弃了，觉得这太难了。但我忽然把其中的一片报纸掉在了桌面上，因为那是一张玻璃桌子，所以就在找掉下去的那片报纸时，我发现碎片的另一面是一个男人的照片，于是我就想，如果我把男人的照片拼好，那么地球的照片也就能正确归位了。"

第一次听到这个小故事时，我还年轻，没有什么触动。后来，这个故事不断地在我的脑海里盘旋，渐渐让我悟到了一些人生真理。这个孩子充满灵感的解决方法吸引了我，他破解了更深层次的密码，即一种更简单、更直接的生活方式，一个足以应对各种挑战的出发点。我们若想在最高水平上取得非凡的结果,就必须了解人生中最重要的事是什么。这是毋庸置疑的。

成功,是一件关乎内心的事。

梳理自身,让你的世界变得更加清晰。当你的生活有了目标,当你知道你的优先事务时,你的人生就充满了意义,你就有可能拥有成功幸福的生活。

成功始于你的内心。你需要明白自己应该做什么、怎么做,这样下一步就变得简单了。

你就是多米诺骨牌阵里的第一张牌。

后记

在工作中，只做一件事

现在你该怎样做呢？

你即将读完本书，也从中明白了一些道理。你已经准备好去体验人生中的卓越成果了。那么，你要做什么？怎样努力地坚持只做最重要的那件事？我们重温一下这本书的核心，看看有哪些方法可以立即运用到工作中吧。

为了简洁，我简化了关键问题，其实每个问题的结尾都要加上"这也使得其他事情变得更简单或不再必要了"。

> 迁延蹉跎，来日无多。
>
> ——莎士比亚

关于个人

只做最重要的一件事,让你的生活中的关键部分变得更为清晰。下面是一些简短的例子。

- 本周,我要坚持做哪一件最重要的事,从而发掘出我的人生目标,并且更加坚定?
- 最近90天里,我要坚持做哪一件最重要的事,以达到我期盼的效果?
- 今天,我要只做哪一件最重要的事,来增强我的信念?
- 如果我每天要挤出20分钟来练习弹吉他,那么我应只做哪一件最重要的事?如果要在90天内学会在高尔夫球比赛里打出5杆进洞呢?如果要在6个月内学会画画呢?

关于家庭

和家人一起,用"只做最重要的一件事"这个原则发现生活的乐趣和意义。下面的问题可供你选择。

- 这周我们应如何坚持只做最重要的一件事,来改善我们的婚姻生活呢?
- 每周我们如何坚持只做最重要的一件事,使家庭时光更加美好呢?

- 今晚我们应该如何坚持只做最重要的一件事,来辅导孩子的功课?
- 只做哪一件最重要的事,能让我们充分享受假期呢?

这些只是简单的例子而已。要是它们适用于你,那就再好不过了。如果不适用,就用它们抛砖引玉,帮助你找到最关键的部分。

别忘了给自己限定时间。给自己限时,确保每件最重要的事情都能完成,都做到最好。

现在让我们将话题转到工作上来,看看你怎样从"只做一件最重要的事"中获取能量。

关于工作

在工作中"只做一件最重要的事",有助于提升你的职业生涯。下面介绍几种展开的方式。

- 若要提前完成手头的任务,我应该如何坚持只做一件最重要的事?
- 若要在这个月更高效地工作,我应该如何坚持只做一件最重要的事?
- 如果想在下一次述职前得到提拔,我要如何坚持只做一件最重要的事?

- 我每天应该如何坚守"只做一件最重要的事"的原则,才能高效地完成工作,准时下班回家?

关于工作团队

在和别人共事时,你也要坚持只做一件最重要的事。不管你是经理、职员,还是商人,在每天的工作环境里懂得只做一件最重要的事,都会促使工作有效率地向前推进。这里有一些可供参考的方案。

- 在任何会议上,你都可以提问:"我们只做哪一件最重要的事,才能尽快完成任务、早点儿结束这次会议?"
- 建立自己的团队时问问自己,在接下来的6个月里,应该只做哪件最重要的事,来发掘培养那些关键的人才?
- 在规划下个月、下一年甚至未来5年的计划时,问问自己,若要提前完成目标,我们现在应坚守的那一件最重要的事是什么?
- 向部门内部或者公司最高决策层提问,若要在90天内建立起"只做一件最重要的事"这样的企业文化,我们需要坚持去做哪一件事?

这些例子可以激发你去思考各种可能性。一旦你确定了哪件事是最重要的，便可以从专业角度限定时间，确保你按时完成。在工作中，这种方法不仅适用于短期任务，也适用于长期任务。

围绕本书提到的关键概念，展开随意而开放的讨论或建立简单的内部工作坊，有助于工作中的每个人自己理解消化，以保持同步。

如果在某地，你需要与其他人一起执行"只做一件最重要的事"这一理念，那么给他们每人一本书吧。分享是一个好的开端，当其他人也有机会阅读这本书时，你可能会对别人回馈给你的见解感到惊喜。

要记住，若要"只做一件最重要的事"成为你与其他人的生活习惯，那么你们需要的不仅仅是读完这本书、展开一些对话，或者是在会议上提一句。从这本书里，你知道养成一个新的习惯平均需要 66 天，所以照此行事吧。若要燃起生命之火，你就必须有足够长的时间只做那件最重要的事，这样才能点亮火苗。

慈善事业

只做哪件最重要的事，才能负担起每年的财务支出？才能为更多的人服务？才能吸纳更多的志愿者？

上学

若要将失学率降到 0，我们要坚持去做哪件最重要的事？如果要将成绩提高 20% 呢？若要将毕业率提高到 100% 呢？若要将家长参与度提高一倍呢？

地位和名望

哪件最重要的事能帮助我们积累声望？若要扩大成功的影响力呢？若要实现财务目标呢？

社区

若要增强集体意识，我们应该坚持去做的那件最重要的事是什么？若要帮助弱势群体呢？若要推动志愿活动呢？

在我的妻子玛丽读完这本书之后，如果我让她去做什么事时，她就会转过身看着我说："加里，这不是我现在要去做的那件最重要的事！"我们大笑起来，互相击掌——最后还是我自己去做了！

只做一件最重要的事，会让你从大局思考。你需要用清单法完成任务，按优先顺序排列那张清单，并按次序完成。从那件最重要的事开始，开启你的多米诺骨牌吧。

做好准备，勇敢迎接新生活！记住，成就卓越的秘诀就是提出一个大而具体的问题，再给出细微的、紧凑而专注的回答。

如果想每件事都面面俱到，那么你可能会一无所获。如果你只专注于那件最重要的事、一件正确恰当的事，那么你将拥有你想要的幸福人生。

别再犹豫了，赶快行动吧！

研究过程

尽管我们也曾有过本书中提及的失败经历,但是我们真正开始研究则是在 2008 年。我们收集了近千篇学者论文、科研文章和学术著作,还有大量报纸杂志上的文章,以及优秀专家在其领域内所撰写的文献,其中也包含了诸多科学发现和趣闻逸事。

如果你想更深入地了解,你可以在 TheIThing.com 网站上找到按照主题和章节编排的扩展文献列表。这个网站与我们的思维、想法息息相关,其中包括那些曾经激励过我们的作者、在线文章的链接,以及那些曾使我们的思想得以升华的白皮书。因此,请享受你的旅程吧!

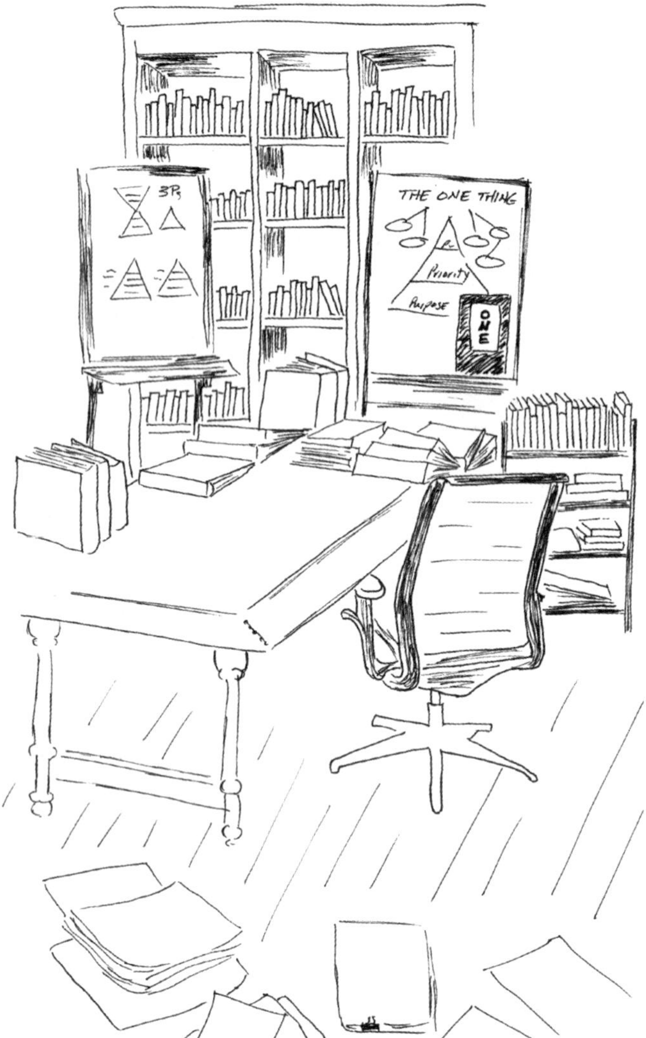
3Ps
THE ONE THING
Priority
Purpose
ONE

致谢

在把这本书整理成册的过程中,我们决定贯彻"只做一件最重要的事"的原则。现在市面上大部分的书籍都参照《芝加哥格式手册》的标准,在目录和正文内容之前,有标题页、扉页、版权页、批注页、作者简介、前言、致谢、序言以及推荐语等。这些内容真的有必要吗?

我们摒弃了这样的排版方式。为了照顾各位读者的阅读体验,我们做了一些特别的调整。正如现在你看到的,"致谢"被安排在了本书的最后。这样的排版方式依据的是"对读者越有用的信息越优先"的原则。

我们从 2008 年夏天开始为本书罗列大纲,2012 年 6 月 1 日正式将草稿交给出版商。长达 4 年的征途，我们不可能独自前行。很多时候，都有贵人伸出援手。

家人的支持最为重要。如果没有妻子玛丽和儿子约翰，本书不可能完成。同样，与我合著此书的杰伊也得到了妻子温迪、儿子古斯、女儿韦罗妮卡不断的关怀与鼓励。我们各自的爱人知书达理，作为本书的第一批读者，她们发现了并订正了草稿中的许多错误，使本书得以顺利出版。

接着要感谢我们背后的团队。维姬·鲁卡切克和卡拉·马吉做了大量的调查，我们花了近半年的时间才将其消化。瓦莱丽·沃格勒 – 斯蒂普和萨拉·齐默尔曼尽心尽力，所以我们才能将全部心思放在这本书上。团队里的其他人——阿莉森·奥多姆、芭芭拉·萨格尼斯、明蒂·黑格、利兹·卡拉科、莉萨·韦瑟斯、邓尼斯·尼森以及米奇·约翰逊，也都给予了很大的帮助。

我们的合作伙伴凯勒威廉姆斯国际房地产公司的高层贡献了宝贵的想法，并一直给予无私的支持：默·安德森、马克·威利斯、玛丽·坦南特、克里斯·赫勒、约翰·戴维斯、托尼·迪塞略、黛安娜·科克丝卡、肖·科克丝卡以及吉姆·塔尔博特。谢谢各位，大家棒极了！埃伦·马克斯领导的市场营销团队在本书的设计上颇费心血，用尽心思，他们是安妮·斯威特、希拉里·科尔布、斯特凡妮·范·赫克、劳拉·普赖斯，我们的天才设计师迈克·巴利斯特雷里和凯特琳·麦金托什，出版团队的塔玛拉·赫维茨、杰夫·赖德、欧文·吉布斯，以及网站团队的亨特·弗雷泽和韦罗妮卡·迪亚兹。IT 团队的卡里·西尔维斯特、迈克·马利诺夫斯基、本·赫恩登内外协调，与 Feed Magnet 和 NVNTD 等公司强强联手。安东尼·阿萨尔、汤姆·弗雷尔齐和同行、供应商沟通协调以确保销量。特别感谢 KW Research 公司的凯特琳·麦钱特，KWU 公司的莫娜·科维、朱莉·凡泰基和唐·斯洛卡为本书发行所做的前期和后期工作。

我们的出版人也是"只做一件最重要的事"的实践者。巴氏出版社的雷·巴德为此组建了一支强大的团队，在写作过程中为我们提供建议、支持、鼓励，在编辑过程中鞭策我们不断修改，精益求精。我们的出版团队包括总编谢里·斯普拉格、编辑杰夫·里斯、文字编辑德博拉·科斯登巴杜尔、兰迪·米亚可和赫斯彭海德设计公司的加里·赫斯彭海德、校对卢克·托恩、编辑琳达·韦伯斯特。

感谢 Cave Henricks 公关公司的芭芭拉·亨里克斯以及谢尔顿互动的社会媒体专家瑞斯堤·谢尔顿为我们提供市场反馈，组织宣传活动。我们有一群资深读者，给本书的初稿提出了修改意见，他们分别是：珍妮弗·德里斯科尔－霍利斯、斯潘塞·盖尔、戴维·哈撒韦、罗伯特·M.胡珀博士、斯科特·普罗文思、辛西娅·罗宾斯、罗伯特·托德和托德·萨特斯滕。

感谢各位尽职尽责的调研员，以及各位教授、作者，大家不厌其烦地回答了我们的各种问题，他们是：佛罗里达大学的杰出学者及社会心理学领域的领头人弗朗·鲍迈斯特博士，国家科学基金会社会、行为、经济学主任迈伦·P.古特曼博士，明尼苏达大学心理学荣誉教授埃里克·克林格，斯坦福大学市场营销副教授乔纳森·勒法佛博士，网站 wordspy.com 创始人保罗·迈克菲德里斯，密歇根大学心理学系认知与习得专业教授和大脑、认知、行为实验室主管戴维·E.迈耶博士，明尼苏达大学社会学麦克奈特讲座菲莉斯·莫恩博士，普林斯顿高等研究院历史研究与社会科学图书馆的埃丽卡·莫斯诺，布朗尼·韦尔网站的得力助手雷切尔，艾森豪威尔图书馆的瓦洛西·阿姆斯特朗，伊利诺伊大学心理学系荣誉教授埃德·达纳博士，以及富兰克林柯维公司的资深咨询师詹姆斯·卡思卡特。还要感谢贝勒大学卡梅尔商学院凯勒中心和凯西·布莱恩在"多重任务处理"方面做出的贡献。

最后，最诚挚的感谢献给我的导师贝恩·亨尼恩，他多年来一直影响着我看待事物的角度及为人处世的方式。

感谢所有人所做的一切！